插图珍藏本

中国小品建筑十讲

楼庆西著

生活·讀書·新知 三联书店

图书在版编目（CIP）数据

中国小品建筑十讲 / 楼庆西著. —2 版—北京：
生活 · 读书 · 新知三联书店，2014.3 （2019.2 重印）
（插图珍藏本）
ISBN 978－7－108－04724－3

Ⅰ. ①中… Ⅱ. ①楼… Ⅲ. ①古建筑 - 建筑艺术 - 中国 - 图集 Ⅳ. ① TU-092.2

中国版本图书馆 CIP 数据核字（2013）第 209719 号

责任编辑 杜 非 刘蓉林
装帧设计 宁成春 蔡立国
责任印制 卢 岳
出版发行 生活 · 讀書 · 新知 三联书店
（北京市东城区美术馆东街 22 号）
网 址 www.sdxjpc.com
邮 编 100010
经 销 新华书店
印 刷 北京图文天地制版印刷有限公司
版 次 2004 年 3 月北京第 1 版
2014 年 3 月北京第 2 版
2019 年 2 月北京第 7 次印刷
开 本 635 毫米 ×965 毫米 1/16 印张 15.25
字 数 230 千字
印 数 46,001—49,000 册
定 价 59.00 元
（印装查询：01064002715；邮购查询：01084010542）

目　录

自　序

小品，是一种文体的名称，凡属随笔、杂感、散文一类的小文章统称为小品。古代就有“六朝小品”、“唐人小品”之类，现代小品文因内容不同又可分为时事小品、历史小品、科学小品、讽刺小品等。

“小品”这个名称原指佛经的两种译本。东晋十六国时期，高僧鸠摩罗什翻译《般若经》，该经分为两种译本，较详细的一种称为“大品般若”，较简略的一种称为“小品般若”。所以，“小品”是相对“大品”而言，是小而简的意思。建筑上借用文体“小品”之名，凡属于小建筑一类的称为小品建筑，它的含义是就其小而言的。现代建筑中，公园里的花台、花架、休息椅，马路边的公共电车、汽车车站，广告牌和布告栏，路灯和指路标，建筑前的标志等等，它们都不依附在建筑上而独立存在，皆属小品之列。这些小品与建筑本身相比，自然不是主要的部分，但在整个建筑环境中确也起到不可忽视的作用。一座大宾馆门前的灯柱，如果设计建造得很糟糕，就使整座建筑减色。马路上的路标、电汽车车站是否美观也会影响到整座城市的面貌。在有的国家里，除公用邮筒外，每一幢私人住宅前皆设有私人信箱，此类信箱，可以到商店购买，也可以自行设计建造。屋主人往往把信箱当做是自己住宅的标志之一，所以相互攀比，出奇制胜，形式丰富多彩，使整个住宅区增色不少。因此，小品建筑的设计确也大有学问，不可忽视。

中国古建筑中有哪些小品呢？它们的功能是什么，在形态上又

颐和园后山牌楼

有些什么特点？这就是本书所要阐述的内容。

我们常说，中国古代建筑在世界建筑的发展史中有着独特的体系，这是因为与世界其他地区的古代建筑相比，中国古代建筑有它鲜明的特点。这些特点，除了以木构架为主要的结构体系以外，建筑的群体性也是重要标志之一。就是说，中国古代建筑都是以许多单幢建筑组成建筑群体而出现的，从老百姓的住宅到皇帝的宫殿莫不如此。我们看到，就一幢幢个体建筑来说，它们的体量都不大，平面形式也很简单。明清两代的紫禁城太和殿，作为当时地位最重要、规模最大的建筑，也就是一幢平面为长方形、内部也没有分隔的单层大殿。但是就是这些简单的单幢建筑可以组合成为功能上满足不同需要、形体上丰富多彩的大大小小的建筑群体。这些建筑群体除了有殿堂、廊屋、门楼等外，还有不少形形色色的小建筑相配列。一座宫殿、一组寺院或者坛庙，甚至大型的住宅，我们都可以看到在建筑群的最外面往往竖立着牌楼；在建筑群大门的前面立有

五台山佛寺前石狮、石柱

影壁、华表、石狮子；在建筑群的主要殿堂前面，排列着香炉、日晷、龟、鹤等兽像；在寺庙建筑中有形式不同的石碑和经幢；在陵墓建筑中，有石柱、石门和石供座；在园林中还有各式各样的堆石。大家熟悉的天安门是明清两代都城北京城内皇城的大门，九开间的大殿坐落在高大的城台之上，它的形体已经够宏伟的了，但是还不够，在这座城门楼前又挖了一条金水河，河上架着并列的五座石桥，在金水河的前后，两边又各放了两个石雕狮子，在城楼的前后更立着四根华表。正是这高耸的华表、威武的狮子，增添了这座皇城大门的气势。北京昌平区境内的明十三陵是埋葬着明代十三朝皇帝的庞大陵区，在陵区入口首先是一座五开间的大石牌楼，其北先后是大红门与碑亭，再往北进入一千二百米长的神道，在神道的两旁，立着十二对石兽和六对石人，过了神道才分别进入十三座皇陵。可以说，正是依靠这些牌楼、碑亭、石人、石兽才组成了这长达三公里的陵区入口，正是有了这些小品建筑才造成了这陵区的肃穆与神圣的气氛。所以这些建筑小品在整个建筑群中虽然不是主要部分，但在物质功能和环境艺术等方面都起着重要的作用。

自然，所谓小品建筑，只是相对大建筑而言，二者之间并没有明确的界线。例如在重要建筑群中，作为大门或者作为标志的牌楼应属小品，而一般建筑群的一些院门，虽然形体并不大，但没有归

沈阳清陵石供桌

北京紫禁城太和殿前铜龟、铜鹤、石嘉量

入小品类，因为这类院门都附在院墙之上而并非独立存在。园林中只把独立的小型山石算做小品，而成片或者大型的堆山就没有归入。在以往古代建筑的相关著作中，对整体建筑群，对宫殿、寺庙、陵墓、园林、住宅等各种类型的建筑，乃至对建筑的结构、装饰、色彩等等方面都有过专门的介绍和论述，但这类建筑小品却往往被忽

紫禁城乾清宫前铜香炉

略了。现在，我们将它们集中起来加以分析介绍。因为这类建筑虽小，它们也都有各自的特殊形态和特定的文化内涵，它们在我国古代建筑发展中也是相当有成就的。

我们介绍的次序大体按这些小品在整个建筑群中所占的位置，由外到内、由前到后，就好像我们游览参观一座宫殿或陵墓、一组寺院坛庙一样，由近而远，一路看来，见到什么说什么。这些建筑小品，它们是怎样产生的？它们在建筑群中起到什么作用？它们在建筑技术和艺术上又各有些什么特点和成就等等。既然是讲建筑小品，因此也和小品文章一样，无一定的格式。既有专业论述，也包含一般的知识，既有叙述，又有议论；有话则长，话少则短，不追求一定的篇幅，力求做到简明而且自然。

第一讲　牌　楼

以小品建筑在建筑群中所占的位置来看，牌楼最先进入人们的视线。因为它往往被安置在一组建筑群的最前面，或者立在一座城市的市中心，或者在通衢大道的两头这些十分显著的位置上。我们去游览北京西北郊的皇家园林颐和园时，首先映入眼帘的是一座立在通道中央的三开间木牌楼，过了木牌楼就到了颐和园主要入口东宫门前的广场。同样，当人们来到北京西郊名寺卧佛寺时，首先看到的是一座琉璃牌坊，经过牌坊才进入寺庙大门。在古老的北京城，主要的大街如前门外大街，东城、西城区中心，东、西长安街等处都可以见到木制的大牌楼立在马路中间。所以，我们一般把牌楼当做一种标志性的建筑，它在城市和建筑群中起到划分和控制空间的作用，增添了建筑群体的艺术表现力。

那么，这种牌楼是怎样产生的呢？它通常具有哪些形式？它在使用和艺术表现力上又有哪些特点呢？这些都是很有趣味的问题。

颐和园东门外木牌楼

北京老牌楼

牌楼的产生

不论放在建筑群的前面，还是立在通衢大道上，牌楼总归具有一种大门入口的特点，所以它的起源和建筑群的门分不开。中国古代建筑的特点之一是建筑总是成群成组地出现，就单幢房屋来说，它的体量都不大，结构也不复杂，这些房屋之所以能满足人们生活、工作和其他方面的多种需要，靠的是由众多单幢房屋所组成的群体。如一般的民居，它由正房、左右厢房、大门、走廊组成为一个院子，周围有院墙环绕，呈“四合院”的形式；官府乃至皇帝的宫殿，也是由大大小小的单幢建筑组合成各种形式的院落。所以，在中国古代建筑中，一组建筑的院门就成为建筑中的主要大门了。这种大门在早期称为“衡门”，即在两根直立的木柱子上面，加一条横木组成为门，多用做乡间普通建筑的院门。所以古代将简陋的房屋称为“衡门茅屋”。晋人陶渊明诗“寝迹衡门下，邈与世相绝”，唐代白居易有诗曰“吾亦忘青云，衡茅足容膝”，说的就是他们自己隐居乡间陋室与世隔绝的情景。为了挡雨雪防腐蚀，后来在这种简单的衡门的横木上加木板顶，如同房屋的两面坡屋顶。宋代名画《清明上河图》中所绘汴梁城中的商户住家，还见到这种门，只不过在门顶出檐的下面已经用上斗栱的构件了。这种简单的院门形式在如今农村仍能见到。

公元12世纪宋朝廷颁行《营造法式》，在这本记载有宋朝建筑形式与制度的专著中见到一种乌头门的形式：两根木柱左右立在地上，上有横木，横木下安有门扇。与衡门不同的是，两根立柱直冲

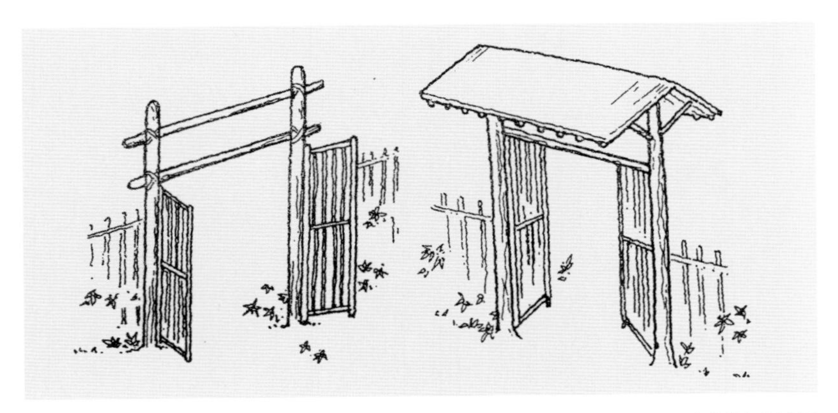

古代衡门示意图

《清明上河图》中的院门

农村院门

宋《营造法式》的乌头门

上天，横木插入柱内，柱头用一种水生植物乌头装饰，故名为乌头门。不论是衡门还是乌头门，它们都是牌楼的雏形。我们见到的一开间木牌楼和石牌楼，它们的形象与这种衡门、乌头门基本上是一致的。

牌楼，有时也称为牌坊，这个名称又是怎样产生的呢？上面已经说明，牌楼起源于建筑的院门。在古代城市中，大量存在的是里坊之门。所谓里坊，是中国古代城市居住区的基本单位，把城市划分为方形或矩形的里坊，里面整齐地排列着住宅。这种形式在春秋战国时期就形成了，到隋唐时期的长安城已经发展到十分完备的程度。整座长安城设有一百一十个坊，每个坊都有专门的名称，坊内开有十字形或东西向的横街，街头皆设坊门以供出入。这种里坊之门在古代称为“闾”。中国古代有“表闾”的制度，就是把各种功臣的姓名和他们的事迹刻于石上，置于闾门以表彰他们的功德，有时还把刻石安在闾门之上。据建筑学家刘敦桢先生的分析，这种闾门上往往都书写着里坊的名称，而且按表闾的制度，将表彰事迹书写于木牌，悬挂在门上比石刻更为方便，这也是完全可能的事，就是说闾门上既有坊名又有木牌，牌坊之名可能就由此而产生*。后来这种牌坊模仿木构建筑，形式日趋华丽，加了屋顶和各种装饰，所以又称为“牌楼”。

刘先生这种分析是有道理的。现在的牌坊或者牌楼仍具有记载地名、表彰功德两种功能，只不过它不一定是里坊的院门而成为独立的一种建筑类型了。从形式上讲，凡柱子上没有屋顶的称为牌坊，有屋顶的则称为牌楼以示区别，在本书中为简明起见统以牌楼相称。

---

* 见《刘敦桢文集》(一)《牌楼算例》绪言。中国建筑工业出版社，1982年11月出版。

北京明陵单开间牌楼门

牌楼的种类

牌楼的种类可以从两方面来区分，一是根据不同的建造材料来区分，二是根据功能来区分。

从牌楼的建造材料看，大致可以分为木牌楼、石牌楼和琉璃牌楼三类。牌楼都是由单排柱子组成，最简单的是左右两根立柱组成一开间的牌楼。木牌楼的基本形式和结构是，木柱子立在地上，下部靠夹杆石夹住，夹杆石外用铁箍相围以防散裂；柱子上安横枋将左右两根立柱连为一体；横枋上安屋顶，牌楼的屋顶虽小，但也有屋脊和脊上的小兽，也有庑殿、歇山、悬山等各种形式。由于顶部的重量容易造成整体的不稳定，所以在立柱前后有时加两根戗木，斜撑于地面；在屋顶下的挑檐枋和牌楼梁枋之间也加设铁制的挺钩，以防止屋顶部分的不稳定。

不论是木牌楼还是石牌楼和琉璃牌楼，它们的大小规模都是以牌楼的开间数、柱子数和屋顶的多少（称为楼数）为标志，其中又以柱数和间数为主要标志。以木牌楼为例，可以举出以下几种形式：即二柱一间的牌楼，上面可以做成一楼、二楼（即重檐）或者三楼。立柱又有出头和不出头两种，这是最简单的牌楼；四柱三间的牌楼，同样上面可以做成三楼、四楼、五楼、七楼乃至九楼的不同形式，同时柱子又有出头和不出头的两种做法；六柱五间的牌楼，这是一种面阔很广的牌楼，用在很宽的马路和陵墓墓道上，如北京前门外的木牌楼和山东曲阜孔林的“万古长青”石牌楼。这类牌楼，也有楼的多少和柱子出头不出头的区别。可以这么讲，在柱子和开间数相同的情况下，顶数越多，牌楼就越复杂，形象就越丰富。就立柱出不出头来看，顶楼越多、越复杂，柱子越不便出头，顶楼数与开间数相等，则立柱比较容易出头而成为冲天式牌楼。

石牌楼的形制与木牌楼十分相近，也是直立石柱，柱上加横向的石枋，上面有顶楼，大小也是以柱数、间数和顶楼的多少来区别。它

四柱三开间三楼木牌楼

双柱一开间三楼木牌楼

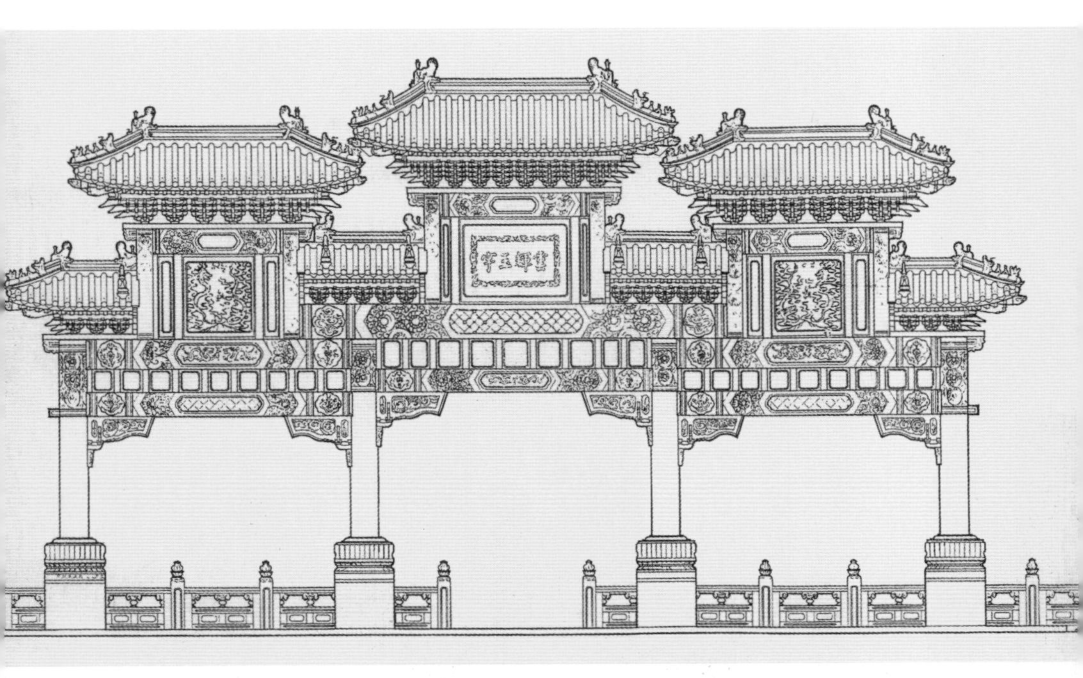

颐和园云辉玉宇木牌楼图（由清华大学建筑学院资料室提供）

和木牌楼在形式上的区别在于：一是顶楼因为石结构的关系，挑出不可能那么大，因而体积也相对地小。二是石料比木料重，且顶楼小，稳定性相对地讲比木牌楼好，所以多数石牌楼不用戗柱。而且体积较小的石牌楼的立柱下面不用夹杆石，只用抱鼓石，前后夹住立柱就可以了。总体上看，石牌楼用冲天柱的比较多。

琉璃牌楼是一种用砖筑造、外表贴以琉璃砖瓦的牌楼。正因为是砖筑结构，所以不能采用梁柱体系而采用砖筑的实体，下面用石料发券开门洞的形式。在砖筑实体的表面用琉璃面砖拼贴出立柱、横枋的形式，栱枋上再安琉璃烧制的斗栱和屋顶。它们的大小也是由间数和顶楼的多少来定，但没有冲天柱这一类型。这种牌楼，体形浑厚，色彩华丽，多用在大型寺庙或者宫殿建筑群中。

完全用砖筑造，外表也不贴琉璃砖瓦的砖牌楼也有，但为数很少。北京碧云寺内就有这样的纯砖牌楼，砖造的实体，表面上也是用砖镶砌出立柱、梁枋、斗栱、屋顶的式样，形体稳重而朴实。

颐和园众香界琉璃牌楼

颐和园众香界琉璃牌楼图（由清华大学建筑学院资料室提供）

颐和园五方阁石牌楼图（由清华大学建筑学院资料室提供）

北京碧云寺砖牌楼

现在我们再看看牌楼在不同情况下如何起到不同的作用。

立在宫殿、寺庙、陵墓等建筑群的前面，作为这组建筑的一个标志的，称为标志性的牌楼。这种牌楼占大多数，例如在颐和园万寿山前麓，排云殿建筑群最前面的“云辉玉宇”牌楼。凡是道路直对建筑门前的，牌楼也在大门的正前方；如果道路是横穿大门前的，则在门前道路两侧各立有一牌楼；如果前面和左右都有道路的，则前面及左右都有一座牌楼，它们和大门共同形成一个门前广场。颐和园后山须弥灵境建筑群前面及左右就有三座相同的牌楼（均于1860年被烧毁，现已修复一座），它们与南面的主建筑围成一个广场。也有不在建筑群的前面而是在城市的某一处设立牌楼作为标志的。老北京城在东、西城区中心的十字路口各建有四座牌楼，作为地区的标志，东四牌楼和西四牌楼就成了这两处市中心的代名词了。后来，市内交通发展，马路拓宽，这几座木牌楼因阻碍了来往车辆的频繁运行而被拆除，但这两个地方至今仍被习惯地称为“东四”和“西四”。

颐和园后山复建的牌楼

安徽歙县许国石坊

在古代，为了纪念一件事或一个人，往往在当地建立牌楼，把人名及其事迹刻在牌楼上以资纪念，其内容多为宣扬忠孝节义，此为纪念性牌楼。对国尽忠，对父母尽孝，对夫妻、兄弟、朋友守节义，这是中国长期封建道德的主要内容。竖立牌楼以表彰具体的人和事，正是宣扬这种道德观的最佳方式。某人在朝廷做了官或立了功，由皇帝敕建或自建牌楼立于家乡，不但宣扬了尽忠报国的思想，又能显耀祖宗，光照门第。安徽歙县市中心有一座“许国石坊”，建于

山西西文兴村石牌楼

安徽棠樾村七牌楼

明万历十二年（1584 年）。许国是人名，为歙县人，明嘉靖四十四年（1565 年）中进士，先后在嘉靖、隆庆、万历三朝做了二十多年的官，因在云南打仗有功，晋升为武英殿大学士，于是他的家乡竖立牌楼以表彰他的功绩，其实也是为了宣扬许国报效皇室的忠君思想。牌楼立在县城的十字路中心，上面刻有“恩荣”、“先学后臣”、“上台元老”等大字和“少保兼太子太保礼部尚书武英殿大学士许国”一串官名。

山东曲阜孔庙棂星门

山西沁水县有一座西文兴村，是唐朝著名政治家柳宗元同族柳氏

颐和园牌楼门仁寿门

颐和园后溪河买卖街店铺牌楼

家族聚居的血缘村落。柳氏族人中先后有柳琭与柳遇春中了乡进士，在山东、陕西等地当过官。明朝廷为了表彰他们，在村里建造了两座石牌楼，分别题名为“丹桂传芳”与“青云接武”。这两座石牌楼立在村中心已经有四百五十多年，如今成了这座古村标志性的建筑。

安徽歙县棠樾村的村道上一连矗立着七座石牌楼，成了一组牌楼群。七座牌楼中表彰做官的一座，在家尽孝的三座，乐善好施的一座，贞节牌楼两座。浙江武义县郭洞村原有六座石牌楼，其中有

浙江诸葛村祠堂牌楼门

湖北白帝庙牌楼门

三座是贞节牌楼，如今只剩下其中的一座，是为纪念村民何绪启之妻金氏而建造的。金氏生于清乾隆五年（1740年），十九岁出嫁，二十二岁生子，幼子方十个月，丈夫亡故，金氏从此守寡，上侍奉老姑，下抚幼子，恪尽孝道，备尝艰辛，因而受到朝廷嘉奖，由当时浙江官员奉旨在村中建造了这座节孝牌楼，上面还专门立有“圣旨”的刻字石板。

前面介绍的标志性牌楼往往位于建筑群的最前面，实际上也起到一座大门的作用，但它们都独立存在，牌楼的柱间、门洞也不安设门扇，所以还不能真正起到门的作用。现在我们讲的大门式牌楼是真正属于建筑群的一种院门，但它们具有牌楼的形式。

北京颐和园宫廷区主要大殿仁寿殿前面有一座仁寿门，完全是木牌楼的形式，二柱一顶楼，柱间安有门框和门扇，它是这组宫廷建筑的院门，门两边有影壁与矮墙相连。山东曲阜孔庙的第一座大门是棂星门，这座棂星门采用石牌楼的形式，三间四根冲天柱，柱间安有木栅栏当门，牌坊两边连接着围墙。在四川峨眉山，我们还发现有用牌楼当做桥门的，这种做法加强了桥的表现力。

装饰性的牌楼见得最多的是用在我国古代的一些店铺门面上，在这里，牌楼既不是独立存在的标志，更不是大门，而是附在店铺门脸上的一种装饰。它们多半是紧贴在店铺外面立牌楼柱，立柱一般与店铺的开间檐柱相合，牌楼的梁枋与店铺的屋顶持平或高出屋顶，使牌楼顶部与店铺不至于发生矛盾。在牌楼的立柱上伸出挑头可悬挂各式幌子。这样的牌楼好比是店铺的一个部分，与店铺组合成为一个有机的整体。也有的牌楼并不紧贴着店铺，而是独立地立在店铺之前，成为一座附加的装饰性建筑。牌楼的开间数可以与店铺开间相同，也可以只在店铺的中央开间加牌楼。为了突出它们的装饰效果，此类牌楼多采取冲天柱的形式，使它们在很远的地方就能够引起人们的注意。

还有一种装饰性牌楼是贴在一些建筑的大门上当做装饰。浙江兰溪市诸葛村有几座祠堂的大门就做成牌楼的形式。在湖北一些寺庙的大门上也见到这种牌楼，只不过这些牌楼都是用砖或者泥灰在大门四周的墙面上贴制出牌楼的形式，它们只是大门上的一种装饰，并不是独立的建筑小品。

牌楼的形式与装饰

上面已经讲到，牌楼最初源于建筑的院门，开始都用木料制造，所以可以说，木牌楼是所有牌楼最初的也是最基本的形式。牌楼既为标志性建筑，又具有表彰功名的纪念性作用，所以它的形象本身就很重要。一座木牌楼的形象一方面取决于它的大小，一方面又看它本身采用什么形式与装饰。一般来看，牌楼开间越多越大，上面的楼顶数越多，则其总体形象越宏伟。如果是同样开间的牌楼，它们的总体形象就决定于楼顶的多少和楼顶所采用的形式。北京颐和园排云殿门前、北海琼华岛下、雍和宫大门前和辽宁沈阳故宫前都

辽宁沈阳故宫前木牌楼

北京雍和宫木牌楼

雍和宫牌楼局部

有一座木牌楼，分别为皇宫、皇家园林、皇家寺庙门前的标志性牌楼，应该都属皇家宫殿建筑之列。它们都是四柱三开间，但雍和宫的牌楼用了九个庑殿式楼顶，颐和园牌楼用七个庑殿式楼顶，北海牌楼用三个歇山式楼顶，而沈阳故宫牌楼只用了三个硬山式楼顶。它们的楼顶一座比一座少，楼顶的形式从四面坡的庑殿式到歇山式到两面坡的硬山式，一座比一座简单，所以尽管它们用的都是琉璃瓦顶，梁枋上都是贴金的五彩彩画，但是在总体造型上无疑是雍和宫牌楼最华丽，其次为颐和园牌楼、北海牌楼、沈阳故宫牌楼。

北京北海木牌楼

除了总体造型之外，牌楼还十分注意细部的装饰。木牌楼的装饰集中在屋顶和檐下的梁枋斗栱上。屋顶和一般木建筑一样，正脊两端用正吻，戗脊末端有走兽，檐下梁枋布满了彩画。这些装饰在北方皇家建筑群的牌楼上，和皇家建筑一样，多采用官式的规范做法，彩画或用和玺式或用旋子式，各间楼顶下的龙凤板上绘制龙纹或其他花饰，与该建筑群的身份相符，总体效果是五彩缤纷，金碧辉煌。

除了北京等地以外，许多地方上的木牌楼的形式就多样化了，江南各地，牌楼的屋顶也与南方寺庙、园林建筑一样，屋角翘得高高的，显得十分轻巧，屋脊上有的布满了各种装饰，没有一定的规矩。屋檐下彩画内容不拘一格，人物、动物皆可入画，有时还直接在木枋子上做雕刻装饰，显得十分生动活泼。

木牌楼加工制作方便，但一经风吹雨淋，极易受到腐蚀，所以后来才有了大量石牌楼和砖制牌楼的出现。和其他类型的建筑一样，石结构的最初出现，在形式上免不了还遵循着木结构的原来式样，

广东佛山祖庙牌楼

云南昆明圆通寺木牌楼

四川灌县二王庙木牌楼

只有经过相当长的时期，石结构才能形成符合自己本身特点的形式。

河北易县清西陵入口的几座五开间石牌楼，可以说是石牌楼中最大者之一，它就完全模仿木结构的形式。六根柱子立于下面的夹杆石中，柱间连着上下额枋，枋柱之间有雀替，枋子上面有一层斗栱支撑着上面的庑殿式屋顶。从梁柱结构的体系到柱枋之间的榫卯接头都和木结构相同。

在石牌楼中模仿木结构最彻底的还得数山西五台山龙泉寺的石牌楼。这座挺立在山顶寺门前的牌楼是普通的四柱三间式，柱间有两层额枋，枋子上安斗栱，斗栱前后出挑托着檐檩，檐檩上承托着檐椽和飞椽，椽上有望板，板上铺瓦，屋顶是歇山式，在正脊、垂脊、戗脊上都有吻兽装饰。为了增加牌楼的华丽，在各层额枋、夹杆石上，乃至在前后八根戗柱上都布满了雕刻。额枋下用了挂落，中央开间上方还加了木结构特有的垂花柱装饰。这些装饰都由精细的石雕组成，画面层层镂空，线条纤细而流畅，和我们在南方福建、浙江等地建筑上所见到的木雕几乎有同样的效果。这座从整体到细部都彻底模仿木建筑的牌楼已经完全失去了石建筑的特点，看上去反而感到烦琐了。

当然不可能所有的石牌楼都这样去模仿木结构，我们见到的大多数石牌楼，只是采用梁柱的结构，木构形式的屋顶，但在不少细部上都进行了简化。曲阜孔林前面有一座很大的石造牌楼，六柱五开间，上有五楼顶，远望完全是木牌楼的模样，但走近观察，在不少地方又不同于木牌楼。六根立柱比较粗，五个楼顶出檐小，所以牌楼的整体稳定性较强，前后不必用戗柱支撑，每根柱下也不用夹杆石而改用抱鼓石夹住柱子。枋子上面用两层墩托替代了斗栱，五个楼顶分别用五块整石料雕成屋顶形式放在墩托之上。很明显，这些都是根据石料的特点对木结构的形式进行了简化。

这种简化在曲阜颜庙庙前街两头的石牌楼上看得更清楚。其四根立柱呈八角形，柱子上方有三层石枋，枋上放一排方形座斗，斗上置整块石料代替了斗栱层，其上是几大块石料做成的屋顶，屋顶的出檐和瓦件都大大加以简化，整座牌楼看上去已经具有了石牌楼本身的比例，或者说已经有了石结构本身的形式特征了。孔庙前的“太和元气”石牌坊是四柱三间冲天柱的形式，在每一间的上面，用一整块石料代替了几层额枋，再上面只盖有一块三角形的瓦顶形石

山西五台山龙泉寺石牌楼

龙泉寺牌楼局部

河北易县清西陵石牌楼

料，省去了顶下的檐部，立柱下有抱鼓石，上面各有一蹲兽。在这里，除了象征性的屋顶外，其他部分可以说已经没有木结构的形式了。而到孔庙前的棂星门，则可以说几乎摆脱了木结构的固有形式而完全以石结构自身的形式出现了。这类牌楼造型简洁，建造方便，许多地方的小型石牌楼多采用这种式样。

除了整体造型以外，石牌楼也很注意细部的装饰。石牌楼多为单色的石料筑成，所以它的装饰主要表现在雕刻上，很少用色彩来表现。但这并没有减弱它们的表现力，相反，有时用石雕表现的内容反而更丰富。北京明十三陵石牌楼的石柱子上部和额枋上都有浅浮雕的旋子彩画图案；枋子间的花板上雕的是云纹，在六根柱子

山东曲阜孔庙“太和元气”牌楼

下部的夹杆石面上有高浮雕的双龙戏珠和双狮玩绣球，形象都十分生动。山西五台山龙泉寺的石牌楼更是浑身上下都布满了雕饰，蝙蝠、如意、灵芝及各种仙果随处可见，屋顶正脊两端是腾飞的龙头，脊上满是盛开的花朵。牌楼上方写的是“佛光普照”、“法界无边”、“共登彼岸”、“同入法门”等字样。这样华丽雕刻的目的就是要表现出那佛光普照的彼岸的一片繁荣景象。

在各地一些记功性的牌楼上，石雕装饰除了用回纹、绶带、卷草、席纹等作底子外，还用了许多动物作母题，常见的有麒麟、鹿、鹤、狮子、虎、豹等。古代称麒麟、鹿、鹤为仁兽，通常用来代表文才，表示吉祥；狮子、虎和豹是猛兽，代表武功，表示一种威力。地方上出了一个在朝廷上当官的，总要表现出他的文才武功、智勇双全以炫耀门第。其中见得最多的还是狮子，这“兽中之王”不但常用在梁枋和夹杆石上的雕刻中，而且还以整体形象蹲坐在柱子前后扶持着牌楼

山东曲阜颜庙前石牌楼顶部

的立柱，充当着守门的神兽。

砖筑的琉璃牌楼在总体造型上自然不可能采用木牌楼和石牌楼那样的梁柱结构，而只能在实体上用琉璃砖贴造出立柱和梁枋的式样，墙面上用发券的形式开出门洞，但在顶上仍用砖瓦做出各种屋顶的形式。琉璃牌楼最大的优势是能够用琉璃来作装饰，而且这种装饰不怕风吹日晒与雨雪的侵蚀，能持久保持鲜艳的色彩。在北京、承德多处寺庙的琉璃牌楼上都可以看到这样的装饰，用黄色与绿色两种颜色的琉璃砖拼贴出柱子和梁枋，组成梁枋上的彩画；牌楼顶上的斗栱，屋顶、屋脊上的小兽全部都用琉璃制作；牌楼柱子之间的墙面刷红色，门洞上方用白色的石发券，在红墙的衬托下显得十分醒目，它们与周围黄绿二色的琉璃又具有对比的效果；正因为有了这些装饰和色彩的组合，又借助于琉璃的光泽，使浑厚的牌楼减少了笨拙之感而显得光彩华丽。

安徽西递村石牌楼

西递村石牌楼局部

西递村石牌楼局部

山东岱庙石牌楼狮子装饰

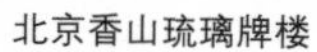
北京香山琉璃牌楼

香山琉璃牌楼局部

香山琉璃牌楼局部

从全国城乡各地留存下来的大量古代牌楼来看，其中以石造牌楼占绝大多数，这是因为石料坚固，不易被腐蚀损坏，不易被雷击而烧毁。它们的形式多样，有完全仿木构的，部分仿木构的，石结构本身形式的等等，再加上柱子数、间数和顶楼数的变化，各地区的不同风格，形成了千姿百态的牌楼系列。

牌楼的题字

作为标志性和记功性的牌楼，牌楼上的题字是重要的内容。

牌楼上最主要的题字就是它的名字。在标志性和作为大门的牌楼上，它的名字就是这个地段或者这组建筑的名称。曲阜孔庙前的“至圣庙”石牌坊就是至圣庙的大门；湖北襄阳“古隆中”牌楼就是古代隆中地区的入口。名副其实，简明扼要。记功性的牌楼，往往把被表彰者的姓名或者官名作为牌楼的名称。如安徽歙县许国石牌楼四个面都书写“大学士”三个大字，这是因为许国在明朝最高升至“武英殿大学士”的官衔，不久就在家乡立了这座石牌楼以表功绩，于是“大学士”就成了牌楼的主标题了。也有把被表彰的内容作为牌楼标题的，歙县棠樾村的大道上一连有七座石牌楼，它们主要是表彰当地的孝子、节妇、乐善好施为乡间做好事者的事迹的，所以牌楼的主标题是“乐善好施”、“节劲三冬”、“天鉴精诚”等，这也重点突出了牌楼的主要内容。这些牌楼名称或主标题都写在牌楼中央开间上方的显著位置上。

但是也有的牌楼不把名称直接书写出来，而是采用间接的、含蓄的手法来表现。北京颐和园东宫门外的木牌楼是全园的第一道入口，牌楼正面题名为“涵虚”，背面为“罨秀”。“涵虚”从字面上讲是包含着太虚之境，意思是园内景色清幽恬静，包含有太虚之境；“罨秀”的罨是彩色之意，古代有称彩色画为罨画的，在这里是指风景如画，色彩丰富而秀丽。在入门的第一道牌楼上就把颐和园的风景点明，体现了设计者用心之巧。颐和园万寿山前主要建筑群排云

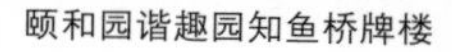
颐和园谐趣园知鱼桥牌楼

知鱼桥上诗句

殿的最前面有一座木牌楼，它的题额正面是“云辉玉宇”，背面是“星拱瑶枢”，表示彩云与华丽的宫殿相互辉映，众星拱卫着象征帝王的北斗星，自然是描绘这一组皇家建筑的气势的。像这样的题额已经超出了简单的命名和标题的作用，而成为对牌楼所在环境的描绘了。这种题额在园林建筑中用得较普遍，仅以颐和园为例，园内大小牌楼不下十多座，几乎每一座都有这类描述性的题额。

颐和园南湖岛上有一座广润灵雨祠，俗称龙王庙，是供奉龙王祈求降灵雨以润天地的。祠前及左右各有木牌楼一座，它们的题额分别为“凌霄”、“映日”（东牌楼），“虹彩”、“澄霁”（南牌楼），“镜月”、“绮霞”（西牌楼），这些都是描绘在龙王庙所能观赏到的四时风景的：早晨高耸的云霄，红日的映照，雨后彩色的霓虹和澄空的云霁，黄昏的彩霞和湖水如镜的映月，可以说把从早到晚的景色都描绘到了。

颐和园后山谐趣园内有一座不大的石桥，将园内湖水分隔出一个小角，桥头立有一座不大的石牌楼，题名为“知鱼桥”。“知鱼”是战国时期庄子与惠子游于濠梁之上的一个著名的典故。《庄子·秋水》记载：“庄子曰：鲦鱼出游从容，是鱼之乐也。惠子曰：子非鱼，安知鱼之乐？庄子曰：子非我，安知我不知鱼之乐。”这真是一段十分有情趣的对话，生动地描绘了所处环境与主人的心境。庄子主张清静无为，好游乐于清泉，这种意境常为造园家所追求。江苏无锡著名明代园林寄畅园有“知鱼槛”，为园中重要景观之一，仿寄畅园建造的谐趣园也设“知鱼桥”。石牌楼上“知鱼桥”三字为乾隆皇帝所题名。牌楼上还刻有乾隆皇帝咏《濠上问答》诗数首，如“履步石桥上，轻鲦出水游。濠梁真识乐，竿浅不须投”等。石牌楼的两柱上还刻有楹联，一面是“回翔凫雁心含喜，新茁蘋蒲意总闲”；一面是“月波潋滟金为色，风濑琤琮石有声”，说的是观赏着水上回翔的水鸟，岸边新出的蒲草，心含喜悦之情，胸怀悠闲之趣；月光下湖水金光闪烁，风吹水动击石发出琤琮之声；你看，动的水鸟，静的蒲草，潋滟的金色和琤琮之声，真可谓有声有色，动静全有了，这就是造园者在谐趣园内知鱼桥畔所要达到的意境。

从这里可以看出，牌楼不仅以其形象在建筑群中增添了艺术表现力，而且还为造园者抒发意境提供了一处场所，这种作用已经超出了它本身形象所起的作用了。

牌楼的建造

这些材料不同、形式各异的牌楼是怎样设计和建造的，它们的形制有没有一定的规矩？

我们知道，在中国古代流传下来的有关建筑设计、施工方面的专门书籍中，以宋朝的《营造法式》和清代的《工程做法则例》最重要。这两本书是宋、清两朝官方制定和颁布的，记载了当时中国建筑的式样、做法以及如何算工算料的内容，但它们所记载的多为主要的建筑类型如殿、堂、厅等及其装修，往往没有像牌楼这样的小品建筑。《营造法式》的内容可算是比较全的了，在“小木作”部分里专门有“乌头门”一项，记述了乌头门的形制与尺寸，但乌头门还不是牌楼。《工程做法则例》更没有牌楼这一项目。

但是，在民间工匠中流传的有关工程做法的手抄本中，却记载有这类小品建筑的资料。上个世纪30年代专门研究中国古代建筑的“中国营造学社”，花了很大力气搜集到了一批散落在老工匠手中的这类抄本，经过梁思成、刘敦桢二位先生和当时营造学社同仁们的细心研究，整理出了一部有关古代工程的《营造算例》。牌楼是其中一个部分，名之为“牌楼算例”，分别记述了几类牌楼各部分的尺寸及其做法，其中石牌楼和琉璃牌楼比较详细，木牌楼比较简略。

牌楼的总宽度和总高度是建造牌楼首先要定的大尺寸，在“算例”中，明确地写明木牌楼和琉璃牌楼各开间的宽度。一座四柱三开间七楼木牌楼，它的中央开间宽度应为十七尺，两边开间宽十五尺；同样是三开间四柱七楼的琉璃牌楼，它的中央开间宽度为十九点六尺，左右开间宽十六点二尺；但石牌楼就没有这么具体的规定，它的办法是先定牌楼的总宽度，如果造三间四柱的石牌楼，则其中央开间的宽度与总宽度之比是二十五比七十，用总宽度除去中央开间之宽，再折半即为左右开间之宽。关于牌楼的高度，先定柱子的高度，而柱高则按开间之宽决定。例如五开间六柱的石牌楼，中央开间柱子高度应为开间宽度的十分之十二；柱子以上的梁枋、斗栱、屋顶的高度皆以开间宽度或柱子高度为基数，各为它们的几分之几而得出具体尺寸，从最下面的石阶基加立柱、梁枋、斗栱到最上面的屋顶，从而得出牌楼总的高度。概括地说，一座牌楼，只要决定用什么材料，木料、石料或者砖筑而贴琉璃，定了开间数、楼顶数，那么开间的宽度，柱子以及梁枋、屋顶的高度都有了一定的尺寸，工匠就可以按此去准备材料，开始建造了。

这种“算例”的存在，反映了中国古代建筑在建造中，建筑设计这一程序还很不完备，也缺乏科学的设计图纸，让工匠得以按图施工，所以历代工匠多凭经验去备料、建造，经过世代相传而渐趋定型，从而得出这一套固定的算法。它的好处是方便易行，只要按这些规定，算出各部分尺寸，建造起来的牌楼在结构上比较牢固安全，在形象上比较完整而适宜，从而在技术与艺术的质量上都有了基本的保证。

北京明十三陵的大石牌楼，它的各个开间的大小与“算例”中的规定几乎相符。颐和园后山须弥灵境建筑群前原有三座木牌楼，1860 年被英法联军烧毁，如今只复建了面向北的一座，这座牌楼就是根据遗存的夹杆石之间的宽度，也就是原来柱子之间的开间宽度，再按“牌楼算例”算出来的尺寸建造的，可以说相当真实地再现了原来牌楼的形貌。但是，这种办法的缺点是限制了牌楼的创造性，众多的牌楼，有标志性的，所标志的地区与环境也各具特征；有纪念性的，所记的人与事又各不相同；但是反映在牌楼上却千篇一律，没有特点，缺乏不同的丰采。这样的情况在地方会好一些，因为官式的一套规则和算法不会那么严格地遵行。由于各地城乡建筑多受地方风格的影响，在牌楼的形象上也会有反映。江南各地的一些牌楼包括石牌楼在内，它们的屋角也翘得如此之高，有的石牌楼还大胆地抛弃了木结构的形式，从而创造出石材料自身的形态。

牌楼的兴衰

从牌楼名称的由来推测，牌楼当始于唐朝以后，留存到现在的绝大多数为明清两朝的遗物。在各种牌楼中，又以纪念性的占多数。因为在中国长期以礼治国的封建社会中，纪念性牌楼具有宣传礼教、对百姓进行教化的作用。

浙江武义县郭洞村，一座山林环抱中的小村庄就有六座石牌楼，山东莱州市据称城内原有明代牌楼七十余座，数字可能不准确，但牌楼之多是无疑问的。一座皇家园林颐和园里，现有的牌楼从大门外的算起，一共有十八座，还不包括在后山买卖街店铺作装饰用的

山东莱州市新牌楼

浙江杭州万松书院新牌楼

牌楼。其中木牌楼十四座，石牌楼三座，琉璃牌楼一座。它们分布在宫门内外、万寿山上、昆明湖畔，与其他建筑一起组成各具特色的景观，表达了不同的意境。

老北京城内的大街小巷原也分布着不少牌楼：居于中心位置的前门大街和东、西长安街上，在东、西城的商业中心马路上，横跨西苑的金鳌玉蛛桥两端都竖立着牌楼，在著名的雍和宫、白云观、卧佛寺、国子监等建筑里也都有牌楼，它们都有标志或纪念的作用，

四川峨眉山新牌楼

成为北京古城重要的景观。1949 年北京成为首都后，大规模的城市建设带来了城市交通的快速发展，这些踞于马路中心的牌楼自然成为交通的障碍而被拆除。建筑学家梁思成先生为了保护北京城的古文化风貌，曾经提出既不妨碍交通又保护牌楼的方案，但没有得到采纳，于是一座座牌楼被拆除了，古老的景观也随之消失了。

如果说共和国成立之初，北京马路上牌楼的消失还事出有因的话，那么，在文化大革命运动中，全国城乡大量牌楼的被毁则是一场灾难。郭洞村六座石牌楼被毁五座，只剩下一座贞节牌楼，莱州市没有剩下一座牌楼。理由是明确的，文化大革命要除“四旧”，古代牌楼，不论是标志性的、纪念性的，还是装饰性的自然都属“四旧”范围，理应被推倒，即使推不倒，也要将牌楼上的人像、人名、兽身砸掉，砸不掉全身，也要砸掉它们的脑袋。的确，这些牌楼记载着旧礼教旧道德，一座座贞节牌坊记载着妇女的血泪史，但是殊不知推倒这些牌楼，砸烂官人的头像并不等于消灭了旧礼教、旧传统，这真是一个不可理喻的时期。正如同文化大革命中毁掉宗教寺

北京前门外老牌楼

北京前门外新牌楼

庙，推倒庙里的菩萨与神仙一样，那些破坏者不明白，一种宗教的产生都有各自的社会原因，它们的传播和得到广泛的信仰，也都有复杂的社会条件，简单地毁庙灭神自然消灭不了宗教。文化大革命一过，不少农村里不但修复而且还新建了庙宇，重新塑造的菩萨、神仙比原先的还要神气与光彩，庙里的香火比过去还兴盛。

牌楼也是如此，莱州市已经在市中心修建了一座新牌楼，八根立柱七开间，总宽十三米多，顶上是七个楼顶，牌楼布满石雕，八根柱子坐落在各自的须弥座台基上，柱子前后都有石狮子蹲坐在抱鼓石上，这样的气势在过去老牌楼中也是不多见的，据说还将继续复建一批失去的明代石牌楼。北京也是这样，那些立在寺庙里的牌楼一座座都得到维修，重新油漆得焕然一新。人们发现先是在城区内的马路边、公园前、市场口新建起了一座座木牌楼，然后向市中心发展，前门大街上忽然矗立起一座大牌楼。五十年前当这里的老牌楼被拆除时，人们大概不会预计到半个世纪后会在同一地点重新建起一座新牌楼。过去老店铺门前作装饰用的牌楼，如今也被用在新的商家门

北京全聚德烤鸭店牌楼门

前和门上，五星级宾馆王府饭店的正门外矗立着一座标准的木牌楼，它与饭店大楼的大屋顶和斗栱相互映照，成了这家宾馆的标志。位于王府井中心区的全聚德老字号烤鸭店，新建起一座满铺着玻璃幕墙的店面，就在这店面中央的大门处建起一座四柱三开间的牌楼紧贴在玻璃幕墙上，这中西、新旧两种建筑文化的对比与拼合显示出传统老字号走向世界的心态，成了王府井街区的一个亮点。

在中国改革开放的大好形势下，随着经济和建设的发展，中西文化的交流和地域文化的复兴，古老的牌楼又受到人们的喜爱与重视。当北京与美国首都华盛顿结为友好城市时，北京向华盛顿赠送了一件礼物，就是一座传统的牌楼。四柱三开间七楼顶的大牌楼被竖立在华盛顿唐人街的入口，为了便于车辆通行，特意将中央两根立柱不落地，改为悬在空中的垂花柱，于是一架巨大的牌楼凌空横跨马路，显得既华丽又十分有气势。不仅在华盛顿，几乎在世界各地凡是有华人街的城市，总少不了一座牌楼作为标志。连在国外举办中国的商业展览、文化展览的会场上也往往用牌楼作为入口。古老的牌楼不但仍旧

美国华盛顿中国城牌楼

具有标志性和纪念性的功能，而且又增加了一种象征性的作用。也许正是因为牌楼既有中国古代建筑的代表性形象——柱子、梁枋、斗栱、屋顶，五彩缤纷的彩画和鲜丽的琉璃瓦顶，而它又不是一栋建筑，只是一座没有深度的罩面，适宜于广泛应用，于是牌楼才能成为一种符号，一种代表中华传统文化的象征符号，担负起了历史的新使命。

第二讲　华　表

北京皇城大门天安门前有一条金水河和几座金水桥，在石桥的左右两边除了立有两头石狮子以外，还有一对称为华表的石柱子。这种华表在天安门的北面也同样有一对，它们和石狮子一样，立在天安门前后，大大增添了皇城城门的气势。

北京天安门华表

天安门华表柱头

天安门华表栏杆

华表的产生

华表是怎样产生的？传说古代帝王为了能听到老百姓的意见，曾经在宫外悬挂“谏鼓”，在道上设立“谤木”。《淮南子·主术训》中记有“尧置敢谏之鼓，舜立诽谤之木”。《后汉书·杨震传》中也说：“臣闻尧舜之时，谏鼓谤木，立之于朝。”所谓谏鼓，就是在朝堂外悬鼓，让臣民有意见就打鼓，帝王听见后，让臣民进去面谏；所谓谤木，就是在大路街口交通要道处竖立木柱，专供臣民书写意见之用。“诽谤”在当时指议论是非，指责过失。

谏鼓谤木之事是否真实，很难考证。历史上向来把尧舜时代称为盛世，把唐尧虞舜当成帝王的典范，许多好事都安在尧舜的头上。唐尧、虞舜都是黄帝的后代，他们当政时还是原始社会时期，没有阶级和剥削，他们只是一个部落的大酋长，遇事习惯于找众人商议，连酋长的继承人也要由会议选举，这就是历史上有名的“禅让”之说。在《礼记》的《礼运》篇中将这个时代描绘为：“大道之行也，天下为公，选贤与能，讲信修睦。故人不独亲其亲，不独子其子。使老有所终，壮有所用，幼有所长，矜寡孤独废疾者，皆有所养。男有分，女有归。货恶其弃于地也，不必藏于己。力恶其不出于身也，不必为己。是故谋闭而不兴，盗窃乱贼而不作。故外户而不闭，是谓大同。”在这个大同世界里，壮年皆有工作，女人有可靠的生活，幼儿得到抚育，老人、残病者皆有所养，大家各尽所能地工作，财富为众人所有，夜不闭户而无盗贼。但是当时的生产力十分低下，生产工具仅仅是些石器与弓箭，吃半生的野兽肉，穿粗布的衣，冬天只能披着兽皮保暖，住的多是些土屋，所以在原始社会里，即使是《礼记》里描绘的那种和睦的大同世界，其生活水平却是很低下的。那个时代文字还很简单，所以要把意见写在谤木上也很困难。后世人自然并不注意这些事实，他们只看到那个时代政治上的一点平等现象，就把尧舜之制当做最高的政治理想了。中国进入奴隶社会和封建社会，文字发达了，能够把意见写到谤木上了，但世人希望的纳谏却反而行不通了，立在大道口的谤木不再具有听取民意的作用而逐渐变为交通路口的一种标志，所以谤木到后来又称为“表木”，这就是华表的起源。

华表的形制

这种谤木或称表木最初是什么样子呢？崔豹《古今注》中说：“尧设诽谤之木，何也，答曰：今之华表木也，以横木交柱头，状如华也，形似桔槔。”桔槔是古代井上汲水的工具，形状是一根长杆，头上绑一个水桶，所以华表最初的样子就是头上有横木或其他装饰的一根立柱。在宋代张择端画的《清明上河图》中，我们看到虹桥的两头路边各有一根木柱，柱头上有十字交叉的短木，柱端立有一仙鹤，这显然就是立在桥头作标志的华表木。这种华表立在露天，经不住风吹、日晒和雨淋，它和其他木结构的桥梁、栏杆一样，逐渐都被石料所代替，石头柱子最后代替了木头柱子，但是它的形状仍然继承了原来木柱的式样，细长的柱身，上方有一块模板，这就成了华表最初的，也可以说是最基本的形式。

由最早的石柱又怎样变成了天安门前的华表的样子，这中间自然经过了一个不断发展的漫长过程，可惜历史上各个时代留下来的华表很不完整，我们能见到的多为明清两代的实物，所以现在只好就这个时代的华表形象加以分析介绍。

华表可以分为三个部分，即华表柱头、华表柱身和华表的基座。

华表的柱头上有一块圆形的石板叫“承露盘”。承露盘起源于汉朝，汉武帝在神明台上立一铜制的仙人，仙人举起双手放在头顶上，合掌承接甘露，皇帝喝了这自天而降的露水就可以长生不老。这自然是迷信之说。后来就把仙人举手托盘承接露水称为承露盘，北京北海琼华岛上就有这样的一座仙人托盘像。再往后，凡在柱子上的

《清明上河图》虹桥头华表

圆盘，不论是不是仙人所举，不管是否能承接露水，都称为承露盘，这也是借古代的礼仪增添自身价值的一种办法。华表上的承露盘由上下两层莲瓣组成，中间有一道小珠相隔。承露盘上立着小兽，在明清时期的华表上，这小兽是一种称为“犼”的动物。犼是一种形似犬的神兽。

《清明上河图》中虹桥两端的华表顶上各立着一只仙鹤。这里有一段传说，汉代辽东人丁令威在灵虚山学道成仙后，化为仙鹤飞回汴梁，落在城内的华表柱上，有少年要用箭射鹤，仙鹤忽作人言歌道：“有鸟有鸟丁令威，去家千年今始归。城郭如故人民非，何不学仙冢垒垒？”意思是感叹人世的变迁无常，还不如遁世避俗去学仙。在天安门的前后各有一对华表，门前一对华表顶上的石犼面朝南，背面一对华表顶上的石犼面朝北。传说这一对石犼面望着紫禁城，希望皇帝不要久居宫廷闭门不出，不知人间疾苦，应该经常出宫体察下情，所以叫“望君出”；而正面那一对面朝着南方的石犼又盼望君王不要久出不归，所以又称“盼君归”。这些自然都反映了世人的愿望，但是为什么这类传说会依附于华表这类建筑上，这也说明了

北京北海仙人承露盘

华表在建筑群中所占据的显著位置。

华表柱身细高，天安门前华表高九点五七米，清孝陵华表高达十二米。明清时期华表的柱身一般都做成龙柱，柱多呈八角形，一条巨龙盘绕柱身，龙头向上，龙身外满布云纹，在蓝天衬托下，盘龙仿佛遨游在太空云朵之中，显得十分有气势。柱身上方有横插的云板，这种云板的产生起源于原来木柱上端的横木。宋《营造法式》中说的乌头门，它的样子很像是在两根华表木柱上搭一横木而为门，所以在乌头门的两根木

北京大学华表柱头

山东曲阜石牌坊的日月板

北京大学华表

北京白云观华表云板图

柱上保留有横板，称为日月板。古代木制的乌头门现在还没有发现有实物留存下来，但我们见到有一种形象与乌头门很近似的石造棂星门，门上确有这种日月板。日月板上保留着圆太阳和长月亮的形状，在日、月的周围都加了云朵作衬托。柱头上端用日月作装饰可能寓意华表之高与天上的日月相接。在有的日月板上，日和月的形状见不到了，只剩下了云朵纹，这就是我们在华表上见到的云板形式。

华表的基座一般都做成须弥座的形式，随着柱身也呈八角形，上面布满了龙纹雕饰和仰伏莲瓣。在天安门前后的华表基座外还加了一圈石栏杆，栏杆四角望柱的头上各立有一只小狮子，狮子头部都与柱顶的石犼朝着同一个方向。栏杆对华表既起到保护作用又起到烘托的作用，使华表柱显得更加稳重。

华表作为一种标志性建筑，它不仅出现在重要建筑群的大门之外，有的也立在桥头或建筑的四周。宛平卢沟桥两头都有一对华表，北京明十三陵和河北易县清西陵的碑亭四周角上也各立有一座华表。这些华表对主体建筑都起着烘托的作用，它们的形象虽都很相似，但大小比例以及所处的位置都很注意与它们所在的环境相协调，使这些华表石柱与主体建筑组成为一个完整的群体。

河北易县清泰陵华表

第三讲　狮　子

在古代小品建筑中，人们最熟悉的是狮子，因为它经常出现在大家面前。我们参观北京故宫，从皇城大门天安门开始，首先见到的是天安门前金水桥左右各有两只石雕狮子；进了紫禁城，在太和门两旁又见到两只铜铸的狮子；在内廷的入口乾清门左右也有镀金的铜狮子；此外，在东路宁寿门、养性门，西路养心门的两旁都有这样的铜狮子。在颐和园东宫门和北宫门外，北海永安石桥的两头都立着这种石雕的狮子。不仅皇家建筑如此，一些王府大门两旁也多立有石头狮子，甚至在稍微富有的人家住宅大门上，也要在抱鼓石上雕两只小狮子。除了北京，全国各地城乡的寺庙、衙署，讲究一点的住宅门口都可以见到各式各样的狮子。狮子是野兽，它为什么会与建筑有如此密切的联系，一种野兽的形象为什么会变得如此丰富多彩，这的确是很有意思的问题。

北京紫禁城太和门前铜狮

山西农村住宅门前狮子

北京天安门前石狮

狮子的来源

狮子与老虎都是人们熟悉的野兽，它们以凶猛著称，都被称为兽中之王。但老虎在我国是土生土长，古人很早就认识了老虎，在汉代墓室的画像石与画像砖上有大量虎的形象，站着的虎，行进中的虎，回首凝视的虎，连虎头、虎身、虎尾都刻画得很细致而生动，可见古人对老虎已经比较熟悉了。不但如此，在秦汉建筑屋顶的瓦中还发现有龙、虎、凤、龟被称为四神兽的瓦当，刻有这些神兽的瓦传说是专门用在皇家宫殿建筑上的。可见，这时的虎已经从兽类脱离而升华为与龙、凤并列的神兽了。

在中国，狮子与老虎不同，它不是土生土长而是进口的。狮子原来生长在非洲与亚洲的伊朗、印度一带，传说在一千九百多年前的东汉时期，安息国（今伊朗）国王赠献狮子给汉章帝，从此狮子由异国他乡来到中国。狮子刚来中国，自然被视为异兽、奇兽，因为它凶猛，所以也是狰狞之兽，只能放在笼子里喂养。据历史记载，开始还发生过谢却赠送、将狮子遣返原地的事。但是狮子在异国为珍兽，安息国王才将狮子作为一国之礼品赠献给汉帝。古波斯国就以崇狮为时尚，王者就是戴着金花冠，坐在金狮座上。在波斯艺术中也有人与狮相搏共舞的场面。

佛教也将狮子尊为兽中王，传说佛初生时，有五百狮子从白雪中走来，侍列门前迎接佛的诞生。佛说法时也坐在狮座之上，就如同凶猛的老虎在中国成了神兽一样，凶猛的狮子在佛教中也成了护法者，后来成了文殊菩萨骑狮子的固定形象。随着佛教的传入中国，

北京颐和园排云门前雄、雌双狮

狮子也传了进来，不过这不是安息国送来的真狮子，而是被神化和艺术化了的佛教中的狮子形象。总之，狮子在原产地和在佛教中是有地位的，是被神化和被艺术化了的形象。也许正是这种原因，改变了狮子在中国视做狰狞之兽而被关在笼子中的地位，也开始步入人间生活和艺术的领域。

在中国古代，有这样一种现象，一些被人们认识了的自然界动物，有时就被作为艺术形象再现于绘画和雕刻之中，也出现在一些工艺品上，并且往往还根据这些动物的特征表现了一种特定的思想内容。远在新石器时代，人们能够用粗糙的石头工具打猎打鱼以获取食物，于是在当时的陶器上就出现了鱼、鸟、鹿等动物形象，因为这几种正是当时人类能够捕获和经常接触得到的动物。到了秦汉时期，我们在当时帝王宫殿的瓦当上见到了青龙、白虎、朱雀、玄武这四种兽的完整图案，也因为它们具有凶猛、美丽、长寿的特点，因而有了权力和吉祥的象征意义。在唐、宋、明、清各个朝代的帝

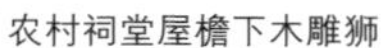
农村祠堂屋檐下木雕狮

广东农村祠堂屋顶上琉璃狮

王陵墓中，我们看到在墓前神道两旁排列着一系列的石人石兽，这些文武官吏和骆驼、马匹既为活着的皇帝服务，还得为死后的帝王服务，只是将宫殿前的活人、活兽变成了陵墓前的石雕罢了。

狮子，这个兽中之王，自然也和其他动物一样，到了中国以后也逐渐被认识和利用，并且根据它的凶猛性格，赋予它以特殊的使命，就如同它在佛教中充当护法者一样，也让它突出地起到一个护卫者的作用。所以我们在陵墓墓道的石兽行列中发现了它的形象，而且往往都处在墓门之前。在重要建筑的大门两旁也有了狮子，起着守护大门以壮主人威势的作用。我们还发现，门左边（以人脸朝大门外为准）的是雄狮，它的特点是脚蹬一绣球；门右边是雌狮，脚下按一幼狮，这已经成为固定的样式了。这样布置的原因可能和中国的传统有关：古代宗法制度规定凡宗庙，包括墓地的排列，最早的始祖居中，然后二世、四世等双数祖先位于始祖之左，称为昭位，三世、五世等单数祖先位于始祖之右，称为穆位，所以家族中分长幼主次皆依昭穆之制，例如住宅中兄弟住房，兄必在左，而弟在右。如今雄狮、雌狮分列左右也正合乎昭穆之序。

狮子被用到建筑上之后，就不仅出现在陵墓和大门两旁。我们在石头栏杆、石头柱基础、石基座上都能见到狮子的形象，不仅如此，狮子还上到房屋的梁架上，屋檐下的斜撑、牛腿、梁枋上的小立柱两旁都有它的行迹，甚至有的地方，狮子跑到了屋顶上，登高远望，更好地充当起守护者的角色。所不同的是，这些地方的狮子都成为建筑上的一个部件，并非独立的小品建筑，不属于我们论述的范围了。

狮子的风格

这里讲的风格是指一种作品的艺术风格。狮子在建筑中作为一种雕刻作品，也像其他艺术作品一样，具有它本身的风格特征。自古以来，在我国留下了众多的石狮子、铁狮子和铜狮子，从历史的发展来考察，各个时期的狮子雕刻具有不同的风格。

公元6世纪，南朝建都建康（今南京），王室在这一带修建了不少陵墓，如今留下了一批珍贵的墓前石兽，其中梁萧景墓前的石辟邪是其中最重要的一座。辟邪是指辟除邪恶之意，这座辟邪，实际上是借狮子的原形而创作的，所以我们把它看做是早期狮子的代表。它体形高大，从地面到顶近三米，狮子张口吐舌，四肢特别粗壮，颈部及狮身线条刚劲有力，整座狮子形象与真实狮子并不完全符合，但整体神态却十分威武雄壮，充分表现了作为守护者的雄姿。唐代顺陵位于陕西咸阳城之北，其四方门口左右都有石雕的狮子作护卫，这些石狮的特点也是体形高大，形象比南朝石狮更接近真狮，但仍然用了夸张的手法，腿和爪都特别粗大壮实。你看它的脚爪扣地，仿佛入土三分，显得那样有力。石狮的整体形象，立者作昂首行进状，蹲者张口挺胸，使人望而生畏。北宋建都河南开封，皇帝陵墓都统一建造在河南巩县，如今留下了大量墓前石像，其中石狮也不少。这些宋代石狮的造型，比起南北朝和唐代的狮子，更具有写实性，体形更接近狮子原形，狮子的头及头上的卷毛都更接近真实，其四肢和狮身轮廓虽也用了夸张手法，但狮子的整体神态却不如唐代石狮那样威武有力了。

南京梁萧景墓前石辟邪

到了明清时期，建筑中保留下来的狮子更多，在宫殿、园林、寺庙、王府里，各种形式、大小的石狮子、铜狮子、铁狮子比比皆是。从它们的大小和重要性来讲，当然要推皇宫中的狮子最富有代表性。从紫禁城太和门、宁寿门、乾清门前的几对狮子来看，它们的特点是形象更写实了，造型比过去复杂，细部刻画多，四肢有肌肉的起伏，头上有卷毛，身上戴着铃铛，却不注意狮子整体造型的气势，失去了狮子威武的神态。故宫宁寿门前的铜狮，为了强调护门狮子的狞厉，把狮子腿部的肌肉表现得特别鼓凸，嘴张得老大，露出很尖的牙齿，但这样一来，反而失掉了整体的雄威。在这里，制作者也用了夸张的手法，但和南朝、唐代不同的是，这种夸张手法不用在整体造型上而只用在局部的处理上，因而产生出不同的效果。

所以从历史发展来讲，可以概括为：早期的狮子雕刻，造型比真实的狮子简练，工匠们善于用概括和夸张的手法，用浑厚有力的线条表现出狮子作为兽中之王的神态。而晚期作品，在狮子的整体和细部上都更接近于真实，但在造型上却只注意细部的刻画而不注意整体的把握，反而失去了这种猛兽雄威壮实的特征。这种风格的变化自然不是偶然的，狮子雕刻作为一种艺术创作，它的风格特征必然和那个时代总的艺术风格和建筑风格相符合。

唐代统一中国，维持了一个政治上相对稳定、经济上繁荣昌盛的时期，所以在建筑发展史中，唐代可以说是一个鼎盛时期。在当时的皇宫大明宫的含元殿、麟德殿等宫殿建筑中，在佛光寺等宗教建筑中，在众多的唐代佛塔以及大量的唐代装饰雕刻中都可以看到这一点。这个时期建筑风格上的特点是：规模宏大，气魄雄伟，突出建筑艺术上的大效果，壮丽而不纤巧。我们从唐代留下来的石狮子上也看到了这种风格。宋代建筑，从技术上看，比前代更趋成熟，总结出一套建筑形制、施工和用料的规范，但就其建筑艺术风格来看，宋代建筑逐渐走向秀丽的方向，在总体气势上大不如以前了。这个特点在石狮子上也很明显地反映出来了。清代尤其到了清末期，政治上保守腐朽，在建筑和其他艺术上都表现出一种追求烦琐绮丽的风气，工艺品上堆砌玉石珍宝、金银珐琅，连建筑装修上也镶嵌上珐琅玉石，艺术之高低仿佛与金银财宝的多少成了简单的正比，所以我们发现清朝的狮子有的竟成了哈巴狗的形象也就不足为奇了。

陕西咸阳唐顺陵石狮

河南巩县宋陵石狮

北京紫禁城宁寿门前铜狮

以上说的是狮子的形象与风格在历史纵向上的比较，如果从横向去比较，中外狮子形象也有风格上的差异。作为狮子的艺术形象，不论是中国还是印度、波斯，乃至希腊、罗马的狮子，它们的创作原型都是自然界真实的狮子，但我们见到的中、西方的狮子雕刻，它们在形象上最明显的区别就是一个讲究神似，一个追求形似。中国狮子不求形态的真实，无论从狮子整体到四肢、头部都不追求与

德国慕尼黑建筑门口石狮

原型的完全相符，它们讲究的是狮子整体的神态，为了表现这种兽中之王的凶勇、威武，可以夸大狮子某一部分的比例，可以不符合解剖地将狮子身上或者四肢的肌肉任意起凸，可以将狮子嘴中的牙变大变尖，在唐代石狮与清代紫禁城内的铜狮上都可以明显地看到这样的风格特征。但印度和西方的一些狮子却十分讲究造型的形似，狮子整体和狮子头部及四肢都要与原型相符，狮子身上、腿上的肌肉起伏也要符合骨骼与肌肉的解剖学。它们的总体特征是形象很真实但神韵不够。这种风格上的差异自然与中、西方在艺术创作上不同的追求、不同的传统有关，在绘画、雕刻等多种艺术门类的创作上都表现了这种差异。

狮子的性格

狮子有无性格？野兽虽非人类，但仍有性格。凶猛自然是狮子最主要的特点，因此它才成了门前的守护神兽，它的形象也被塑造成一副凶煞威武的神态。我们看故宫太和门前那一对铜狮，体大色浓，高蹲在石座之上，昂首挺胸，分列大门两边，确实增添了皇宫入口的宏伟气势。再看紫禁城宁寿门前的铜狮，满头卷毛，龇牙咧嘴，脚爪伸得老长，连对自己的幼狮都没有一点温顺慈爱的姿态，可以说把狮子那种凶悍性格充分地表现出来了。

但这种凶猛形象的狮子却并不代表狮子的全部，在清代所留下来的众多狮子雕刻中，我们发现有许多狮子并不全是一副凶样，有的略显温顺，有的面露笑容还带一点顽皮，有的嬉皮笑脸甚至显出一副无赖之相。这真是一种奇怪的现象，难道兽中之王的性格变了？为了说明这种有趣的现象，现在不妨让我们去观察一下另一种兽中之王的情况。老虎土生土长在中国，古人很早就认识了它并将它作为力量之神而成了一种与龙、凤、龟并列的神兽。在朝廷，帝王在将士出征时，将玉石做成的虎符作为兵权的象征授予将军。在民间，老虎也成了保护神。妇女怀了孩子，屋里要贴虎符；生了孩子要送虎馍；幼儿喜欢戴虎帽、穿虎鞋、枕虎枕、盖虎被，平日也玩虎娃玩具等等；虎伴随着也保卫着人的一生。虎既然与百姓的生活如此贴近，那么虎的形象也逐渐由凶悍变为憨厚、稚拙了，因为谁也不喜欢整天与凶悍的形象相伴。各地农村中有大量的虎头帽、虎头鞋、虎头枕，用面食做的虎形馍，布制的虎形玩具，从中可以见到各式各样的虎形象，它们已经脱离了虎的原型，经过人们不断的创造而变得可亲可爱了。那些身子相连的双头虎，首尾相接的连环虎，五颜六色的彩馍虎已经超脱了虎的原型，而成为人们对生活美好祈愿的一种表现，成为中华大地上的一种虎文化。

狮子何尝不是这样，狮子一旦被人们认识，并且被当做护卫兽以后，开始进入了人们的生活。从守门的狮，到屋檐下、梁架间、屋顶上的狮子，它的形象也开始变了。尤其狮子被引入了逢年过节的民间艺术活动之后，耍狮子与舞龙灯一样成了一种深受群众喜爱的吉庆娱乐。耍狮子自然不是去逗耍真正的狮子，而是由人扮成狮子的一种舞蹈。这种舞蹈经过千百年民间艺人的创造和提高，逐渐有了一套较完整的、丰富多彩的形式和内容。例如狮子舞中，二人

汉代画像石上的老虎

陕西民间虎枕

陕西民间虎头兜布

民间狮子舞

合演的称太狮，一人扮演的称少狮，还有手持绣球专门引逗狮子的武士。在表演中，有时表现狮子的勇猛剽悍，在武士的引逗下，做出一整套跳跃、跌打、登高、踩球等惊险的动作；有时却又表现出狮子的温顺和顽皮，做出滚翻、抖毛、舔毛、搔痒痒、打哈欠等一系列有趣的动作。所以民间有歌谣道："耍狮子，会钻套，拿头的好还得往外瞧，拿尾的哥们猫着腰。遇见了天棚爬得高，蹿房越脊一

南方地区各地石狮

紫禁城断虹桥上石狮

丈多高。逢桥时，甩尾的忙，他单怕戏水那一招。”

狮子真能这样吗？狮子真的能这样可爱可乐吗？在近代杂技团里，确有从小被驯化的狮子可以演一些蹬车、过桥等动作，但是最高明的驯兽师恐怕也不能把狮子训练得能表演出这么多逗人乐的动作来。所以，狮子舞中这一系列的动作乃是人们通过对动物的长期观察，把动物的诸种动作集中起来的结果，而且还加上了人们自己所希

清代狗状石狮

望所想象而综合设计出来的动作，这一系列的动作又是人们通过狮子这个兽类的形象，由人自己表演出来。我们把这种现象称为狮子的“人化”。狮子一经“人化”，凶悍的野兽也变得驯良和顽皮了，可乐、可亲和可爱了。它和老虎一样，双双成为欢庆与吉祥的象征，成为民间文化重要的一个部分。

这种对狮子的人化，也必然反映到雕刻中来。上面讲到的紫禁城里的几对铜狮都表现出一副十足的凶猛相，但是在北京北海永安桥两端的一对石头狮子却是另一种神态，它们蹲在不高的石座上，侧着脑袋，脖子上套着响铃，脚踩幼狮，显出一副顽皮的样子。北京颐和园里有一座十七孔大石桥，桥的两侧石栏杆的望柱头上都雕刻着石狮子，合计起来共有一百二十多个柱头和石狮，粗看上去，

十七孔桥上的石狮

它们的形象似乎都雷同，但仔细观察，才发现每个石狮都不同。有的正襟危坐，有的侧头望着昆明湖水，有的脚踩幼狮，有的双臂抱小狮，甚至在胸前还抚育着、背上背负着数只狮儿，它们通过头的仰俯，身子的扭曲，四肢的不同动态创造出各具特色的生动形象，看上去十分有趣。南方一些寺庙、园林中的狮子雕刻，造型虽然欠佳，雕刻本身也嫌简陋，但不少神态却很生动，有的一只雄狮同时要两三个绣球；一头雌狮脚踩、身背、肩负几只幼狮；有的双

颐和园十七孔桥

广东东莞南社村村民委员会门前的狮子

足捧绣球，口衔飘带，完全是一副民间狮子舞的形象。这种狮子在宫殿建筑里是很少能见到的。

狮子一经人化，它的性格和形象都变得丰富多彩了。它们出现在建筑里，不论是在大门两旁作护门神兽，还是在大桥两头、栏杆望柱上当护桥神，人们见到它们并不感到敬畏可怕，因此，人们还赋予这些狮子以各种有趣的神奇传说。北京宛平县的卢沟桥，两边石栏杆的每一根望柱头上都雕有石头狮子，自古以来就传说：卢沟桥的石狮子数不清，并说如果数清了，石狮子就全跑了。这是因为栏杆柱头上的狮子并不全都是一只，而许多是大狮带着小狮，这些小狮有的在大狮的脚下、胸前、背后，姿态各异，而且工匠还把有的小狮有意刻在隐蔽处，让人不易发现，所以就产生了卢沟桥石狮子数不清的传说了。这种神话般的传说既反映了人们对石狮子的喜爱，也表明狮子形象的多姿多彩。北京天安门前西边的石狮子，肚子上不知什么时候有了一个凹眼，深寸许，这就引来了一段传说。传说之一是明代末年李闯王攻进北京，战至承天门（即天安门），以千钧之力一枪投去，误中了石狮子的腹部，留下了这处伤痕。传说之二是1860年英法联军攻打天安门，石狮中了枪击而留下伤痕。这些传说自然反映了人们的一种想象。山林中的猛兽变成了人们喜爱的形象，而且还赋予了不同的性格和神奇传说，这就是民间艺术神奇的力量。

时代车轮进入了21世纪，试看中华大地上的狮子，一方面，老祖宗留下来的狮子，经过历史的沧桑，仍旧留在宫殿、园林、住宅的门前和桥头，继续履行着自己护卫的任务。尽管经过文化大革命的“洗礼”，狮子身上也免不了受到一些损害，有的被敲坏脑袋，砸坏一条狮腿，但毕竟借了石头的光，要整体毁掉还不太容易。有的地方狮子曾经被推倒在地，现在又都被扶了起来，修补了残缺的肢体，重新恢复了旧貌。另一方面，在各地城市与乡村中又添置了许多新的狮子，大到城市里的大学、图书馆、宾馆，农村中的祠堂、寺庙，小到马路边的商店、住宅，有不少门口都放了两只石头狮子。只要到南北两个传统产石料和生产石雕的福建惠安县和河北曲阳县去走访一下就可以看到，在石雕店成排的马路两边几乎摆满了大大小小的石狮子，买卖兴旺得很。因为尽管现在是改革开放的时代，但是人们还是喜欢狮子把门所带来的吉庆与安详，乐于听到“狮子狮子，事事如意”所具有的象征意义。如果说和过去有什么不同的话，那就是对狮子形象的欣赏和接受心理比老祖宗更开放了，有的大宾馆门口的狮子已经变为形象很写实的洋狮子了。一位著名大饭店的经理津津乐道地说：我们门口的狮子既是传统的，又是现代的，它们具有绅士的风度。广东东莞市有一座南社村，村里有不少去海外做生意的，村本身也由以农业经济为主的传统村落转变为以工业为主要经济的现代村落了，就在这个村的祠堂门口和村民委员会的大楼入口两边各有一对洋式石狮，它们一样给村民带来吉庆与安乐，尽管这只是心理上的。

第四讲　须弥座

须弥座是一种石制的座，可以单独地放在殿堂前的院子里，用来置放花盆和盆景之类的摆设。在北京紫禁城内廷的一些寝宫中和北京颐和园的殿堂庭院里都可以看到这种基座，它们也是一种小品建筑。但是须弥座不仅是石座的一种常见形式，还广泛地用来作为建筑、牌坊、影壁、华表和石头狮子、香炉、日晷等大小建筑的基座。所以在介绍石座这种小品建筑时，须从一般的须弥座讲起。

北京颐和园石座

须弥座的产生

中国古代建筑从最原始的穴居发展到地面上的房屋，是一个了不起的进步。地面上出现建筑后，为了防止潮湿，增加房屋的坚固性，往往把建筑造在台子上，这种台子或者选择自然的高地和坡地，或者用人工堆筑成台，越是重要的建筑，下面的台子就越高，所以把专供皇帝等统治阶级享用的高级建筑形容成为“高台榭，美宫室”。后来，除了殿、堂、宫、室设有台基外，牌楼、影壁的下面也有一层台基，称为基座，连石狮子、华表、旗杆等一些小建筑也都有这样的基座，基座几乎成了所有建筑不可缺少的一个部分了。那么，这些基座为什么逐渐都喜欢采用须弥座这种基本形式呢?

须弥，原为佛经中的山名，佛教圣山称为须弥山，所以在印度把须弥山作为佛像的基座，意思是佛坐在圣山之上，可以更显示出对佛的崇敬。这种须弥座原先是什么样子已不可考，在山西大同市的云冈石窟中，我们可以看到在佛像下面有这种基座的早期形式。云冈石窟在北魏孝文帝时期（公元5世纪）开凿，佛教自汉代由印度传入中国后，云冈石窟要算是我国最早而且比较全面反映佛教艺术的宝库之一了。在云冈石窟第九洞的东壁上，有一座佛像下的基座可以看做是须弥座的基本形式，这就是上下约均等，中间向内缩的座形。我们可以这样来推测和解释，原来基座取自山形，山者上小下大稳如山，所以应该为一上窄下宽的梯形，但因为座上面要放佛像，所以需要把上部加宽，这样就由梯形变为上下宽、中间呈束腰的“工”字形了。在云冈石窟中，不仅在佛像下，而且在几处佛塔下面都有这种形式的基

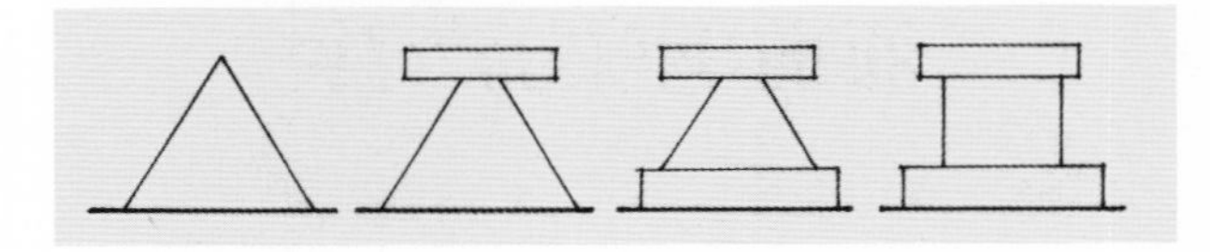

须弥座形成推测图

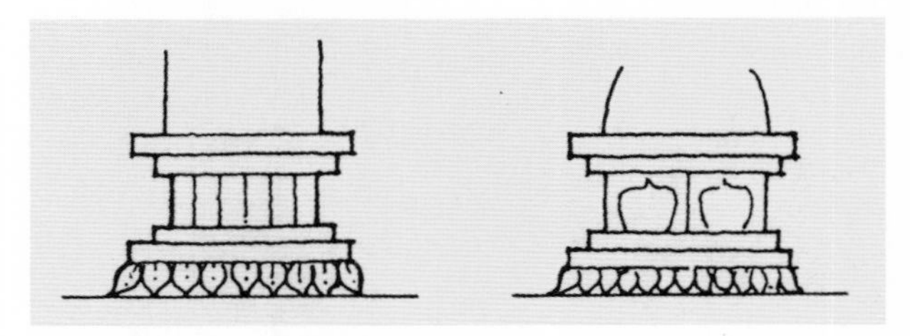

敦煌石窟佛塔基座图

云冈石窟佛像基座图

座。在著名的佛教艺术胜地敦煌石窟中也可以看到在中国式和印度式佛塔下有这种基座。可以说，这种上下宽、中间有束腰的基座应该是须弥座在中国的基本形式，而且它们被代代相传，一直延续到明清时代，在形象上没有什么根本性的改变。

须弥座的形制

在《营造法式》中，关于须弥座有两处记载，这是见于文字的最具权威性的材料了。在石作制度中的“殿阶基”条，讲到殿阶基的高度时说：“四周并叠涩坐数，令高五尺，下施土衬石，其叠涩每层露棱五寸。”在卷二十九中附有阶基叠涩坐角柱的图，这是表示殿阶基转角处角柱的两种图样。阶基即台基，文字中所说的“叠涩”是指用砖或者条石一层层向外垒砌挑出或向里一层层收进的做法；露棱是指叠涩挑出或收进的面。但是这段文字和图样对不起来，文字只说了用叠涩形式做基座上的进出线脚，却没有提到图上有的仰伏莲瓣。在《营造法式》的砖作制度中又有须弥座的专门条目，在该条目中，对须弥座每层的高度、进出叠涩多少等等都有明确的规定。梁思成先生在他的著作《营造法式注释》中，依据法式中原来的图，按照两段文字的描绘，并参照实例，画出了两种须弥座的式样，可以看做是宋代须弥座的基本形式。

梁思成先生又以清代工部《工程做法则例》和民间工匠手中搜集成编的《营造算例》为蓝本，绘制出清代须弥座的标准式样，它的形式比宋代须弥座更趋于简化。我们观察建筑实例，从云冈石窟、龙门石窟到宫殿、寺庙中的建筑基座，可以说它的基本形式都没有超出宋代和清代须弥座式样的范围。所以我们习惯于把比较简单的清式须弥座当做有代表性的标准须弥座式样。

须弥座除有比较标准的形式外，在它的各个部分都附有不同的石雕装饰，而且它们还有着相对固定的内容和形式。

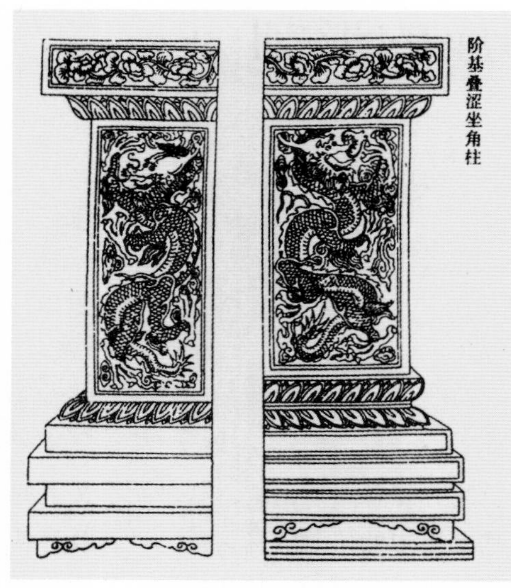

宋《营造法式》殿阶基叠涩坐角柱

首先介绍一下莲瓣装饰，这是在须弥座上用得最多的雕饰内容，它一般用在上下枭混的部分。枭是指凹进的圆弧，混是凸起的圆弧，在基座上下有收进或者挑出的两层之间往往多用这种枭混相连的曲面构件相连接，这样可以使上下两层连接得比较自然。莲瓣即莲花瓣。莲花，又称荷花，是一种水生植物，它的根是藕，埋生于水下淤泥之中，藕节上生出枝，出水面而长出绿色荷叶，开出荷花，有粉、黄、白等颜色，花瓣很大，由花苞而渐向四下开放，最后由中央花蕊长出莲蓬和莲心，这就是它的籽。每年盛夏开花，夏末收籽，莲花败落而莲子长成。我们在装饰中常见的莲瓣，是由荷花开放时的花瓣所组成，所以现在习惯称的莲瓣，其实是荷花瓣。我们在云冈石窟、龙门石窟中还能见到这种最初花瓣的真实样子。

莲花在装饰中为什么会被重用？古人对莲有深刻的认识，明代著名药学家李时珍在他的《本草纲目》中对莲有过精辟的论述。他说藕“四时可食，令人心欢”，莲心“医学取为服食，百病可却”，这是指它的实用价值；“莲，产于淤泥而不为泥染，居于水中，而不为水没，根、茎、花、实几品难同，清净济用，群美兼得”，“夫藕生卑污，而洁白自若，质柔而穿坚，居下而有节”，这种认识就超出

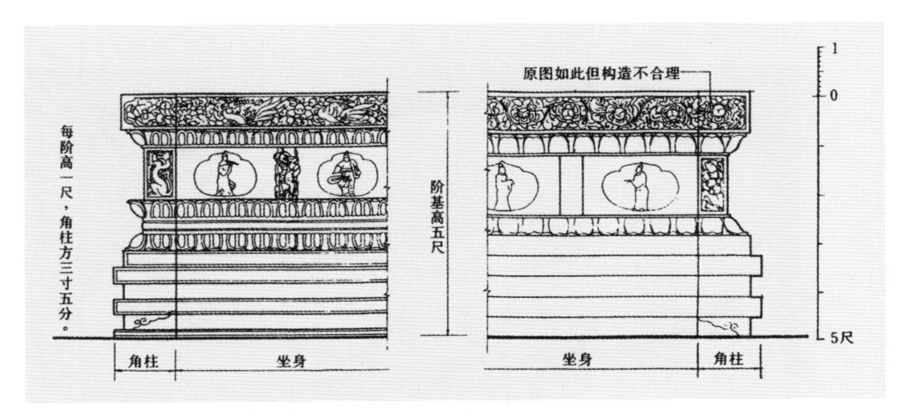

《营造法式注释》中须弥座

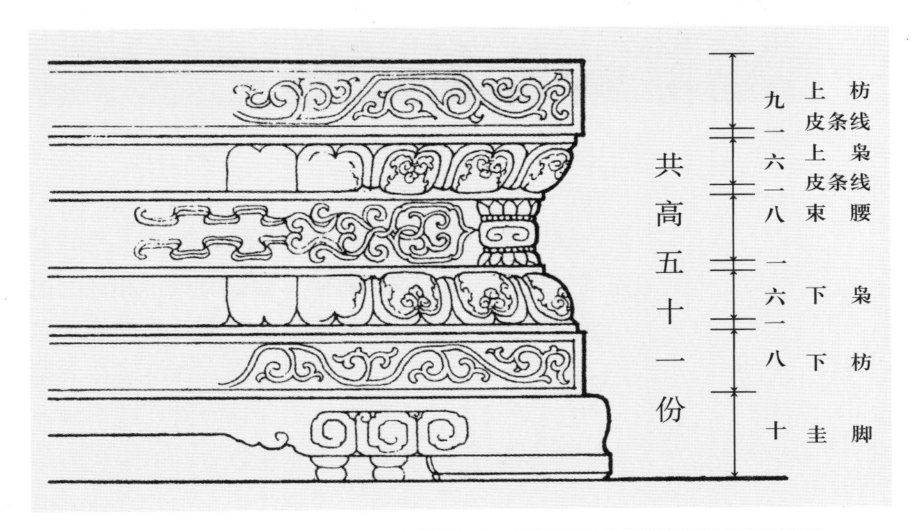

清式须弥座（录自《梁思成文集》（二），中国建筑工业出版社 1984 年 8 月出版）

了莲的实用价值而上升到它的生态、形象所包含的人生哲理了。托物寄兴，借景抒情，这在中国古代尤其在文人士大夫中已成了一种传统。松、梅、竹都因为在严冬季节不凋谢而被称为“岁寒三友”，表示出一种独傲霜雪的品德。莲也是如此，它象征着人处于污浊的环境中而能清白自好，生于充满盗贼娼匪的社会中而不为恶势力所折服。所以莲作为装饰题材，早在春秋战国时期的铜器、陶器上就有发现，汉以后，不仅在绘画、雕刻上，而且在瓷器、陶器、纺织

宋代伏莲瓣柱础

石窟中莲瓣初形图

品、年画和剪纸等民间工艺品上都大量地被采用。

佛教艺术中采用莲做装饰自有它本身的道理。传说佛教创始人释迦牟尼的家乡盛产莲，佛教教导世人克制欲念，不为现实的物质世界所诱惑，苦苦修行方能超脱苦海无边的世俗，而到达西方极乐世界的彼岸。而莲的特征及其包含的寓意正与这种教义相合，所以释迦牟尼不但取莲以寓佛教的清净无染，超脱凡俗，而且莲“薏（即莲心）藏生意，藕复萌芽”的生长规律也正符合佛教“展转生生，造化不息”的人生哲理。于是莲的形象在佛教艺术中占了十分重要的位置。出家佛徒的袈裟上用莲花装饰称“莲花衣”，把佛像放在莲之上称莲座。唐《诸经要集》中讲：“故十方诸佛，同出于淤泥之浊，三身正觉，俱

宝装莲瓣柱础

坐以莲台之上。”后来干脆将佛座称做莲台了。莲既成了有象征意义的装饰，它的形象也变得更加丰富多彩。原来是花瓣仰着凸面朝下也变为凸面朝上伏着的样子了；原来是一个花瓣作为一个单元，现在有将两个花瓣连在一起了，称为“合莲瓣”；在唐宋石柱基础上，莲瓣上加了一些小装饰，显得更加华丽，称为“宝装莲花”；发展到清代，须弥座上的莲瓣肚子鼓鼓的，上面有小的装饰，周围还有隆起的边，和原来自然的荷花瓣式样就相去甚远了。

在《营造法式》的“殿阶基”部分说到在基座的束腰上有壸门。“壸”音“kŭn”，在须弥座比较高的束腰部分多有这种装饰，它的形式是凹入束腰壁体的小龛。为什么叫壸门，不得而知。现在用在须弥座上，多半在壸门里安置佛像和其他人物的雕像，它的外形随壸门内的装饰内容而定，没有一定之规。河北正定隆兴寺大悲阁的佛座上和福建长乐县三峰寺石塔基座上都有这种壸门，壸门在这里实际上起一个边框的作用。

须弥座束腰部分的四个角上往往都有特殊的装饰。在多数清代须弥座上，四个角采用小花柱式的石雕，它们的形式是上下用串珠，

河北正定隆兴寺大悲阁基座角神

大悲阁基座角神

北京碧云寺金刚宝座塔基座角兽

山西长子县法兴寺佛座壶门

福建长乐县三峰寺石塔基座角柱及壶门

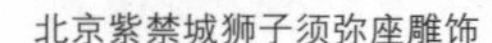

北京紫禁城狮子须弥座雕饰

北京颐和园佛香阁须弥座上卷草纹装饰

中间有突出的腰部组成为短柱。在早期的佛座上，有用带节的束柱作角柱的。在隆兴寺大悲阁佛座上是用石雕的人物作角柱，人物用头或肩扛着上面的枋子，双手支撑在跪着的腿上，从身体的姿态到身上的肌肉乃至面部的表情，无不表现出身负重荷的神态，所以这些小石人被称为力士，或角神，它们的造型各不相同，生动而且自然。在有的须弥座上，力士由狮子或者别的小兽代替，称为角兽。

在须弥座的上下枋部分，常常用卷草纹装饰。卷草纹是中国古代建筑上用做边饰的一种传统纹样，早在云冈石窟、龙门石窟和敦煌石窟的壁画中都能见到。早期的卷草纹构图比较简单，由植物的枝叶组成连续的波浪形纹脉。到了唐朝，这种卷草纹构图就复杂多了，各式花朵叶片充满了画面，枝叶反而不起主要的脉络作用了。花叶线条流畅，造型丰满，富有体积感。到了明清时代，须弥座上反而见不到唐代这种丰满的卷草纹了。

从雕刻的手法看，也有几种不同的雕法，大部分须弥座的边饰用的是压地隐起或者是减地平钑的雕法，也就是浅浮雕的方法，花饰在枋子上露出浅浅的纹样，远望则融合在须弥座的整体形象中，近观感到很细致。但也有采用“剔地起突”的雕法，也就是高浮雕，卷草纹中的花卉甚至连枝叶都很突出，高出低面许多，能产生很强的阴影。这种边饰远看就很醒目，具有很强的装饰效果，使须弥座显得十分华丽，但往往破坏了基座的整体形象，失去了须弥座的敦实厚重之感。

须弥座的变形组合

以上我们介绍了须弥座的标准形式和它们常用的雕饰式样。在实际例子里，我们的确可以看到不少这样的或者十分接近标准形式的基座，例如北京紫禁城乾清宫、皇极殿的台基，北京颐和园主要殿堂的一些台基几乎都是这种标准式的须弥座。但是在其他地方，如各地的一般寺庙里，在众多的佛塔、经幢、影壁、牌楼上，它们的基座却各有不同的形式。这些基座也是须弥座，但这是与标准形式不尽相同的须弥座。

北京紫禁城前朝三大殿下面的三层台基，共高八米多，最下面的一层高度接近三米，用的也是须弥座形式，分为上下枋、枭混、束腰和圭角几个部分。在这么高的台基上，自然各部分的尺寸都很

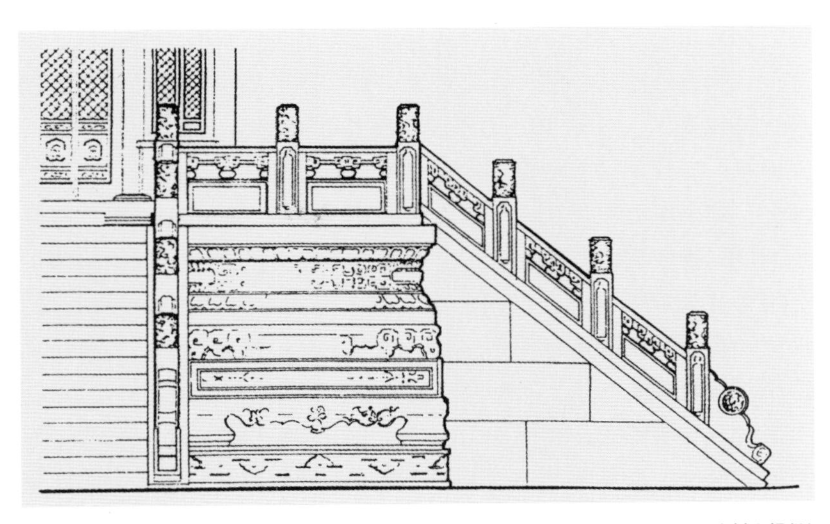

北京颐和园五方阁铜亭基座图（由清华大学建筑学院资料室提供）

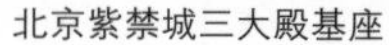
北京紫禁城三大殿基座

北京颐和园五方阁铜亭基座

大，拿其中一个局部来看，都会感到比较粗笨，但由于整座台基很大，所以在总体上这种粗笨感并不很明显。但即使这样，它也将上枋和下枋各分为稍有高低的上下两个面，避免了上下枋太厚重的感觉。北京颐和园五方阁铜亭下的基座也特别高，但是基座的整体不大，如果也如三大殿台基那样按标准须弥座的式样分为规定的几个部分，那么这些部分的尺寸都很大，整个基座的比例将和座上的铜亭无法协调了。在这里，工匠设法将这么高的基座分为两个部分，上面是一座比例适宜的完整的须弥座，有上下枋、束腰和圭角几个部分，这个须弥座又让它坐落在另一须弥座的下面部分上，这样整个高度达到了要求，而在各部分都避免了过大的尺寸，因而取得了与铜亭相适应的比例。山东曲阜孔府大门前石狮子的基座也很高，这里的狮子是两脚落地作站立状，所以下面的基座很小，为了解决这小而高的基座造型，工匠也采取了用上下两层须弥座相叠的办法，上面的须弥座形式比较标准，而下面的一层采用简化方式省去了上下枭混部分，形成了上小下大、上繁下简的组合体，看上去下面是上面的基座，避免了重复之感。这种用两层须弥座叠加的办法，在紫禁城太和门前铜狮子的基座上也能见到，不同的是这座基座的上面一层用铜铸的须弥座，扁扁的，没有多高，它仿佛是连在铜狮子身上的一个底座，它的下面是一座石造的正规须弥座，二者材料不同，一厚一薄，色彩一浅一深，组成为一个整体。

山东曲阜孔府石狮基座

在多数情况下，加大须弥座的高度多采用加高束腰部分的办法，这种形式在早期寺庙佛座上尤其多见。束腰一高，这部分的装饰就不是简单的边饰所能解决的了，于是就出现了束柱和壶门等装饰。

在一些地方，我们也看到很低矮的一种基座，但它们仍采取须弥座的形式。当年慈禧太后居住的颐和园乐寿堂院子里有一堆体量很大的“青芝岫”石，巨石下面是一座很低的须弥座，在石与座之间隔着一块雕有水波纹的石床。在这里，须弥座只有上枋、束腰与圭角三个部分，省去了下枋，也省去了上下枋与束腰之间的枭混部分。低矮的须弥座与水纹石床组成为一座整体基座，稳稳地承托住上面的巨石“青芝岫”。同样在这个院里，乐寿堂殿堂门的左右两侧各立着一只铜铸的仙鹿与仙鹤，因为是在寝殿前的仙兽，所以要显得比较亲切，让它们都立在很低的石座上，所以这里的须弥座将上下枋紧靠，几乎省去了束腰部分，从而大大地降低了须弥座的高度。

在一些须弥座上，我们还可看到有某种附加的装饰。紫禁城太和门前铜狮子下面的铜须弥座上，四面都有一块三角形的装饰。这显然是表示须弥座上铺了一块方形毯子，四个角垂在四面，让狮子蹲在毯子上，就好像我们在室内布置摆设时，在工艺品下面垫放一块装饰布一样，这自然也是为了加重狮子的神威。这种形式在曲阜孔府门前石狮子下面也见得到。四川灌县青城山天师洞大殿，在柱

北京紫禁城太和门狮子基座

北京颐和园乐寿堂“青芝岫”石座

子下端石狮子的须弥座上，其束腰部分的四个面各加了一块雕花装饰，位于束腰的中央，如同影壁中心的盒子一样。除此以外，在这座须弥座上别无其他雕饰，倒也显得重点突出，比起在紫禁城里见到的铜狮子下面的须弥座，浑身上下都布满了突出的雕饰，它的装饰效果反倒显著。

单独的石座

在介绍了须弥座以后再来谈单独的石座就比较容易了。前面已经说到，所谓单独的石座，就是一种放在殿堂前、庭院中的石头座，专门用来放置盆花、盆景之类，所以在宫殿的后寝部分和园林建筑里比较多见。颐和园有一个供皇帝及皇族居住的区域，一个院落连着一个院落，在这些院落中几乎都有这类石座，成双成对地并列在殿堂前面。它既是一种供放物品的座子，所以又称为石礅，而本身又是一种

花台座

能供观赏的独立小石件，因此把它归入建筑小品之列。

这种石座因为可供观赏，所以很注意本身的造型，从已有的石座观察，它们的形式可归纳如下：

从平面讲，多为圆形、方形或者方圆结合。所谓方圆结合是指石座分上下两段，上圆下方或者上方下圆。但总的看以圆形居多，这可能是花盆多为圆形的缘故。从立体形象上看，可以说多为各种须弥座的变异与组合。颐和园里石座样子很多，很难找出完全相同的式样，但是细分析起来，大体上也可以归纳为两类：一类为单体须弥座的变异。石座造型细而高，所以多将束腰部分加高，做成单层或者多层的圆鼓形，有的还把束腰与上下枋相连接的枭混部分做成两层莲瓣相重叠，总之是把简单的束腰变成了由多层石鼓、石花环组成的装饰部分，和上下枋及底层的圭角合而成为变异了的须弥座。另一类是两层须弥座的重叠组合。在组合中，上层须弥座的下枋往往成了下层须弥座的上枋。上层须弥座的几部分比较完整而下层须弥座比较简略，从而使石座在整体上显得稳重。紫禁城里一具石座显得更复杂一些。它的平面呈圆形，立面上可以看做是上下两

花台座

层须弥座相叠，中间加了一层石鼓，也可以看做是三层须弥座的叠合，只不过中间那层须弥座的上枋就是上层须弥座的下枋，它的下枋又是下层须弥座的上枋。须弥座的圭角部分只下层才有，中、上二层就省去了。总之，这些石座都不是标准形式的须弥座，它们的上下枋、枭混和圭角部分或厚或薄，或全或省略；它们的束腰部分或高或低，或平或呈鼓肚状；但总体上都不失去须弥座那种上下有枋、中间为束腰的“工”字形基本形式。

石座不但形制丰富，而且上下多布雕饰。从雕饰的内容看，多用花卉植物、回纹、万字纹等，间或也用鹿、鹤等灵兽，但龙纹却很少见，这大约与环境有关系，不宜用太严肃的题材。从雕饰手法看，喜欢在石座上满布雕饰，从上枋到圭角都雕满了各种植物花卉、云、山、如意、万字和几何纹样。这些雕饰虽然起伏不大，而且在皇宫、皇园内用的都是汉白玉石，色彩洁白，纹理细腻，仍表现了清代在艺术上追求烦琐的那种风气。

第五讲 香炉、日晷、嘉量及其他

北京紫禁城是明清两朝的宫城，自明永乐十八年（1420年）建成至今已有五百八十多年的历史。如今，它作为世界文化遗产，每天都要迎来上万人的参观。当人们走进宫城大门午门，再经过太和门以后就开始进入到紫禁城最主要的部分：前朝三大殿。太和殿、中和殿、保和殿三殿共同坐落在三层白色的石台基上，人们走过广场中央的石板铺砌的大道，一步步地沿着阶梯爬上台基，就可以发现从地面至每一层台基上都并列有四座香炉。在最高一层台基上，太和殿前面的左右两边各有一座日晷、一座嘉量和铜龟、铜鹤各一只。在保和殿两侧还各有两只大水缸。这些置放在三大殿周围的香炉、日晷、嘉量、铜龟、铜鹤与水缸都是些什么器具呢？它们起到什么作用呢？

北京紫禁城太和殿前的铜龟、铜鹤、石嘉量

北京紫禁城太和殿前香炉

香　炉

顾名思义，香炉是用来烧香敬佛的，所以在佛教寺庙里见的最多。讲究的用铜制造，一般的多用铁铸造，也有少量用石造的。香炉多为圆形，下有三足，上有两耳，少数也有四足呈方形的，它们和铜鼎几乎有相同的造型。据考古学家考据，鼎与炉都是古代的青铜器，它们原来都是用来煮食物的器具，它们的造型都源于陶制的烹饪器，所以形象十分相像。但是鼎后来逐渐成为一种礼器，身价越来越高，鼎外壁布满了装饰，鼎内壁还刻有文字，称为铭文，内容常常记录当时的重大事件，成为后人研究历史的重要史料。因此

铜鼎

西汉博山炉

北京法源寺香炉

鼎本身的名称也带有了高贵与神圣之意，鼎力、鼎士喻为大力和有大力的人；鼎姓、鼎族是指著名家姓和显赫望族；古时将国运也称为鼎运。而炉始终是一种有实用价值的器具，它的主要功能是盛火。盛火之炉可以作冶炼、取暖、烹饪和焚烧香火等等之用。我们现在要说的只是供烧香的炉，所以称为香炉。香炉常见于寺庙、宫殿，它们是属于小品建筑的一种类型。

香炉的起源很早，从文献记载和考古发掘都证明汉代已经有博山炉。博山指表面雕刻出重叠山形的装饰。博山炉就是表面镂刻有山形装饰的香炉。河北满城陵山西汉墓出土的博山炉，炉盖由多层的山峰组成，群山中还有人兽出没其间，炉下为镂空的座，炉身用错金云纹装饰。陕西兴平汉武帝茂陵附近一座从葬坑内也有一座鎏金博山炉。这种用错金、鎏金装饰的博山炉当然只有皇家贵族才能使用，它们能够作为殉葬品放于主人墓中，可见此类香炉在日常生活中当属常用之物。

现在我们见到在寺庙、坛庙、宫殿等处的香炉都是作焚烧香火用的。佛寺的香炉自然是用来点香烛敬佛，所以它们的位置总在主要佛殿前，位于中轴线上，正对着殿内中央的佛像。佛徒们点燃香烛，插在香炉内的火灰之中，然后面对佛像行跪拜之礼，所以在香炉之前多设有一块棉垫。在佛殿里面佛像前的供桌上有时能见到小型的香炉，在佛徒们家中供奉的佛像前更少不了这种小香炉，但这类小型香炉只是一种供插香火的器物而不属于小品建筑之列。

山西五台山佛寺香炉

紫禁城太和殿、乾清宫前面的香炉也是用做燃香点火的。太和殿是明清王朝举行国家大典的地方，帝王登位、寿诞、立皇后以及重大节日都在这里举行庆典，接受百官朝贺。每当此时，太和门大开，门内广场排列着盛装的仪仗队，文武百官恭立殿前，台基上下的十六座铜香炉内盛满香木。于是，帝王登上太和殿中央的宝座，顿时钟鼓齐鸣，百乐合奏，香炉内冒出的香木青烟，盘旋缭绕于台基上下，增添了庆典的神圣气氛。

香炉的造型中最常见的是圆形的炉身，上面有两耳，是香炉的把手，用来抬动炉身，下面有三足落在地面上。古代鼎与炉同形，鼎亦为三足，所以“三足鼎立”成了一成语。紫禁城里的香炉也是圆形两耳三足，所不同的是在炉身上面加了一顶铜制的帽子，因为在这里不需要供佛教信徒们烧香插烛，加一座帽子可以遮挡住香炉里的木炭香灰向外飞扬，而香木的青烟则可以从铜帽子上的镂空花格中冒出，这样在整体形象上也显得比较完整。这种炉上加盖帽子的做法后来发展成为炉上加一层小亭子了，在紫禁城的御花园和颐和园的仁寿殿前都见到这种铜香炉。炉上有一铜制的小亭，亭为圆

北京颐和园亭子香炉

紫禁城御花园亭子香炉

山西五台山佛寺亭子香炉

北京天坛皇穹宇前香炉

天坛祈年殿前香炉

北京紫禁城香炉基座

北京紫禁城香炉基座

形，亭身分做几个开间，每一开间的四周都有雕花作装饰；亭子顶上是重檐钻尖顶，最上面用宝顶作结束；亭子下面的基座就是铜炉上面的口，从整体上看，铜香炉成了铜亭子的大基座，上下两个部分组合成为一个瘦而高的整体。这种带亭子的香炉在佛寺中也有，有的甚至在炉身上叠加三层亭子的。也许是因为这种带亭子的香炉使用起来不够方便的缘故，所以在这种香炉的前面又加设了一座普通的香炉或者其他的简易形香炉，而这种亭形炉则变成一座放在大殿前供人观赏的陈设了。

几乎所有的香炉下面都有一层基座，石制的或者铜制的，或高或低，但多采取的是须弥座的形式。

香炉的总体造型与鼎基本相同，但鼎作为礼器，身上多布满装饰，但香炉不是礼器，香炉上的装饰有简有繁，也可有可无。北京天坛皇穹宇前面的铜香炉通身光洁，除了几处突出的线角外，不用其他装饰，但凭借它粗壮的三只炉足，硕大的两只炉耳安在炉身上，使整座香炉简洁而敦实。天坛祈年殿前的香炉炉身满布着简单的回纹，看上去也很朴实，但在两只炉耳和三只炉足上都有兽头的装饰，尤其是在炉足上的兽头，面目凶狠，张着大嘴，含着炉足。这种形式在许多香炉上都能见到，所以它成了龙的九子之一，取名为“金猊”。龙为中华民族的象征，是神兽，在许多装饰中都能见到龙的形象。除了神龙本身以外，在古代装饰中还出现了龙的家族，这就是传说中的龙生九子。在古代建筑装饰中属于龙之子的就有宫殿屋顶正脊两端的吻兽，取名为螭吻；宫殿大门上的兽头形的门环，取名为椒图；台基上的石雕兽头，取名螭首；石桥拱券上的兽头，取名为虮蝮；等等。其实与建筑有关加上建筑以外的属于龙之子的装饰兽纹不止九个，所谓龙生九子也只是言其多而已。古人不但给这些龙子取了好听的名字，而且还根据它们的所处位置与功能赋予了各

北京白云观香炉

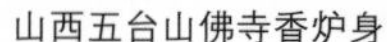

山西五台山佛寺香炉身

山西五台山佛寺石香炉

自的性格，例如位于屋顶的螭吻性好望；大门上的椒图因为是用做关门和上锁的，因而性好闭；台基上的螭首因为是用来排吐积水的，因而性好水；香炉腿上的兽头金猊因为经常受到烟火的熏燎，自然其性应好烟。

佛教、道教寺庙中的香炉除了炉足多用“金猊”装饰外，炉身多数也有装饰。装饰的内容有植物花卉、云纹、水浪纹，也有用龙纹、兽纹的，题材比较广泛，似乎并非必须和佛、道两教的教义有直接的联系。古时由信徒出资、集资兴建或修建寺庙是常见的事，也有信徒出钱做一条幡帘悬挂在大殿里以表示对佛与道主的敬仰，同样也有捐献一座香炉置放殿前以示虔诚的，所以在这样的香炉身上往往刻有文字，内容多为铸造此香炉的缘由、经过、捐献人的名字等等。

凡香炉上有小亭子的，多在亭子身上雕铸花饰，紫禁城御花园和颐和园仁寿殿前面的香炉亭子装饰都很细致，连小亭子开间的柱子两边和枋子下面都加了镂空的挂落，亭子顶上都做出一垄垄的筒瓦。这些香炉下面的须弥座上也都有仰伏莲瓣作装饰，所以整座香炉看上去显得很华丽，仿佛是立于庭院之中供人观赏的一种大型工艺品。

日　晷

日晷是我国古代一种靠观日影而定时刻的计时器。它的样子是一个石制的圆盘，中心安有一根细针，与圆盘保持垂直的角度。盘的四周刻有刻度，称为晷度。日间有太阳照射，针影落在盘上，随着太阳位置的移动，而使针影落在不同的刻度上，根据针影的位置而定出一天不同的时辰。所以有“晷度随天运，四时互相承”之说。

日晷本身就是一块圆形石盘，上面有指针和刻度，造型很简单，不加什么雕饰。它斜立在石座上，最多在圆盘的下方与石座相连的地方加一点雕花作为圆盘的底托，起一点装饰作用。紫禁城里看到的几处日晷都是这样处理的。但是作为日晷的整体来看，它的造型和装饰还是集中在日晷下的基础部分。从紫禁城皇极殿和乐寿堂前的几处日晷来看，它们的基座都很瘦高，这是因为日晷圆盘本身尺寸不大，直径只有五十厘米左右，它的位置

北京紫禁城太和殿前日晷

紫禁城宫殿前日晷

又需要比较高，以便于观察日影，因此形成了石座的瘦高比例。这几处石座采用的还是须弥座的基本形式，在这里，它们都是把须弥座的束腰部分拉长加高来解决瘦高比例的难题。这几处须弥座的束腰都变成一根石头柱子了，柱子方形或圆形，上下两头小，中间向外鼓出，成为一种瓶形。须弥座的上下枋和束腰柱子上都附有雕饰，上下枭混还是常见的宝装莲瓣作装饰。

值得注意的是太和殿前一座最重要的日晷的处理。它的位置是在大台基的东南角上，与西南角上的嘉量和后面的铜龟、铜鹤并列。日晷与嘉量、龟、鹤相比，晷盘本身远没有嘉量、龟、鹤那么大，为了在体量上与它们相配，只好采取加大日晷底座的办法。但是在这里，聪明的工匠并没有将须弥座的束腰变成石柱子形式，而是巧妙地将粗大的束腰一分为四，变成为四根细高的立柱。在须弥座的顶面上又加了一块较小的方石作为日晷圆盘与底座的过渡，最后把圆盘斜放在方石之上，小小的日晷圆盘与硕大的基座就是这样妥帖地结合在一起。石座大而不蠢，粗而不笨。为了便于观察日影，在石座前还特意加了三步台阶，整座须弥座不加雕饰，在太和殿前反倒显得明朗而庄重。

嘉　量

嘉量是我国古代的标准量器。《周礼·考工记》上即有嘉量之说。汉王莽改定新的嘉量制，将不同等级的斛、斗、升、合、龠合为一器，器的上部为斛，下部为斗，左耳为升，右耳为合、龠。嘉

紫禁城太和殿前嘉量

紫禁城太和殿前嘉量基座

量为铜制，置于石亭中，放在太和殿前，象征着国家的统一和集权。

嘉量本身为铜制的量器，它作为量器的一种标本，体量并不大，放在石亭子中陈列在太和殿前，和日晷一样，也是放在高高的须弥座上。但是它的须弥座却没有采用加高束腰的办法，而是在标准的须弥座上加了一层“工”字形的雕刻。在这块雕刻上，下面是水纹，中间束腰部分是山石纹，上面布满云朵纹，这水天山石，表现的是社稷，它与上面的嘉量都象征着封建国家的一统天下与江山永固。下层的须弥座具有传统的形式，所不同的是束腰部分成为向外凸出的腰带，上下还有一串珠子作装饰，看上去比较新颖醒目。总体看来，嘉量下的基座具有华丽的外表，与对面日晷下的基座恰成对比，一简一繁，互不雷同，相得益彰。

铜龟与铜鹤

铜龟是一种象征着长寿的神兽。它很早就与龙、凤、虎合称为代表天下四个方向的神兽，即前朱雀、后玄武、左青龙、右白虎。龟称玄武，代表北方。因为它力量大，能负重，所以被放在石碑下面成了碑石的基座。但在太和殿前却卸掉了身上的重负，有点扬眉吐气了，它蹲在高高的须弥座上，一反原来那种缩着脖子、藏着脑袋，随时准备挨欺侮的模样，变成伸长脖子，抬着头，张着嘴，仰视青天，一副得意的神态。

紫禁城太和殿前铜龟

太和殿前铜鹤

鹤为一种鸟名，色多浅白，腿高嘴尖脖子长，头顶上带有一点红羽毛的即属名贵的丹顶鹤类。古代也把鹤当做一种长寿的仙禽，所以有“鹤寿千岁，以极其游”之说。古代建筑和一些工艺品上，常用仙鹤作装饰内容，表示吉祥和长寿之意。

太和殿前陈列两对铜龟、铜鹤，自然是象征着帝王的长命百岁和江山永葆。巧妙的是，在这两对龟和鹤的身上都开有一个洞口，原来龟和鹤都是用铜铸成，腹为空心。每当太和殿举行大典，和台基上下的香炉一样，也在龟、鹤腹中燃点香料，所生烟雾自龟和鹤的嘴中吐出。香烟缭绕于殿前台上，飘浮于三宫左右，的确增添了几分神圣色彩。

铜龟和铜鹤下面的须弥座也采用了与标准形式不大相同的式样，

它打破了须弥座原来几个部分和它们相互组合的常规，把上枭和下枋取消了，圭角加高了，把束腰大大地压扁了，剩下的几个部分经过适当的组合形成新的基座，看上去也很稳妥且有新意。在太和殿前的四种重要陈设的下面，都用了不同寻常的基座，它们既是须弥座，又不是一般常见的须弥座，的确表现出了古代工匠的巧妙构思和才能。

陈列在太和殿前，象征着国家统一、江山永固的铜龟、铜鹤、日晷、嘉量，在紫禁城其他主要的殿堂前，在皇家园林颐和园的宫室庭院里也见得到，但都没有像太和殿前这样四样俱全，集权贵意义于一处的。它们除了具有特定的象征意义之外，同时也是一件件独立的小品建筑，以它们各自造型上的特点而成为供人观赏的大型工艺品。

水　缸

在紫禁城保和殿两侧、乾清门两边的内宫墙下，在后寝部分南北向的长街里，都可以见到盛水的大水缸，水缸中的水做什么用呢？自然是用来救火而不是生活用水。为什么要在紫禁城里置放这么多的水缸？因为中国古建筑最怕火。中国古建筑采用木结构体系，采取院落式的布局，它们具有施工快、布置灵活、防震性能好等等明显的优点，但是因此也同时带来一些缺点，第一位的就是怕火。平时做饭烧火、北方冬季烧炉子取暖而不慎失火，这是人为的；天上打雷，击中地面建筑而成火灾，这是天降的。

古人想了许多办法防止火灾，其中包括科学的与不科学的。古人不明白天上雷击的缘由，自然也提不出科学的办法，只好听信巫术之言，说东海中有神兽，尾部激浪即能降雨而灭火，于是在房屋的最高处，即天雷首先接触之点，安上这种水中神兽，这就是屋顶上正脊两端的螭吻。这种螭吻自汉朝开始一直延续到明清，起作用了吗？紫禁城的太和殿是封建王朝的第一大殿，1420 年建成后，第二年就被烧毁，明嘉靖时期遭雷击又一次被毁于火，以后还不止一次地被烧。而且因为是院落布局，所以不止烧毁一个正殿，有一次从太和殿一直烧到太和门和前面的午门。巫术迷信自然避免不了火灾，还得依靠用水灭火。紫禁城四周的护城河，河宽水深，但河在城外，中间有高大宫墙相隔，远水救不了近火。太和门前人工挖了一条金水河，呈玉带形处于广场之中，这主要是为了创造背山面水好风水的形势而造的。北面有了一座景山，南面需要一条水，这是

紫禁城保和殿旁水缸

金水河所起的象征性作用。它在宫前，客观上提供了水源，必要时可用以灭火。除此之外，就是处处设水缸，这是最直接的防火设施。水缸用铜或铁铸造，一米多高，一口大缸大约可储存三吨多水。冬季为了防止冰冻，在缸上加盖，缸外披上棉套，缸底石座内放炭火，可谓想得很周到了，但是与高大的宫殿建筑相比，也还是杯水车薪，一旦失火，从门窗、柱子烧到梁架，从下到上，火势之烈，岂是几缸清水所能扑灭的？明嘉靖年间，一次皇帝驾临太和殿，时值冬季，殿内用火盆烧炭火取暖，由于安置的火盆太大，室内烟雾呛人，临时打开格扇窗，北风吹刮进殿，使盆内火星四溅，幸及时扑灭免遭

紫禁城乾清门外水缸

一场火灾。这种情况，也许附近水缸里的水能够起作用。

存水的水缸平时放在殿前墙下，自然也是一种陈设，保和殿、乾清门前这些重要地点的水缸都是铜铸缸体，表面还镀了金。缸两侧的两耳都有兽头口衔着套环，兽头两眼怒睁。这些大缸并列于宫墙之下，大红的墙，黄琉璃瓦和绿琉璃砖的墙头，金光闪闪的水缸，构成了一幅极富宫殿建筑典型色彩组合的画面。

第六讲　影　壁

影壁是设立在一组建筑院落大门的里面或者外面的一堵墙壁，它面对大门，起到屏障的作用。不论是在门内或者门外的影壁，都是和进出大门的人打照面的，所以影壁又称为照壁或照墙。

古时院落建筑必分院内与院外，为了保持院内建筑环境的安静与私密性，院内需隐，院外需避，院内外之间隔一道小墙即能达到隐避的效果，这道小墙壁被称为“影壁”可能就由此而来。影壁又称萧墙。萧古意为肃，即敬肃、恭肃、揖拜；墙即屏墙，君臣相见，至屏墙而致敬肃之礼，所以萧墙即为分隔内外之小墙。古人把藏于内部潜在的祸害称为萧墙之患，就是这个道理。

影壁的种类

若以影壁所处的位置来区别，可分为立在门外、立在门内和立在大门两侧及其他位置的四种。

设立在门外的影壁是指正对建筑院落的大门，和大门有一定距离的一堵墙壁。往往在较大规模的建筑群大门前方有这种影壁，它正对大门，和大门外左右的牌楼或建筑组成了门前的广场，增添了这一组建筑的气势。北京颐和园的东宫门是这座皇家园林的主要入口，最前面有一座牌楼作为入口的前导，然后迎面有一座影壁作为入口的一道屏障，自影壁两边才进到东宫门前。在这里，影壁、东宫门和左右的配殿组成了门前的广场，过去在这广场中心还布置有一组堆石。

北京紫禁城内的宁寿宫是一组有相当规模的宫殿建筑群，是清

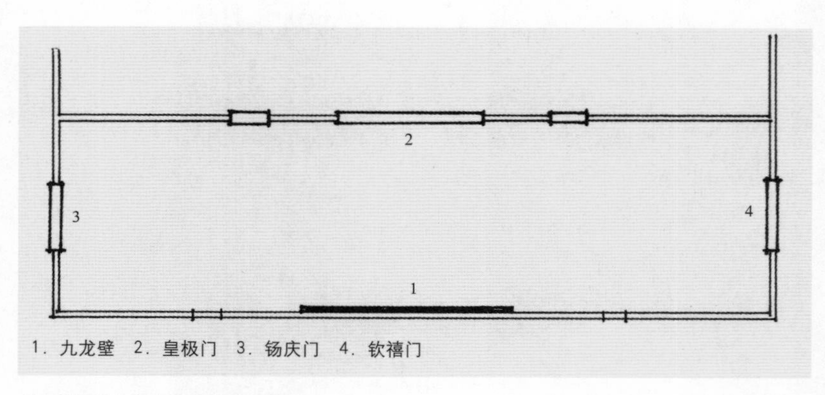

北京紫禁城宁寿宫影壁位置图

江苏南京灵谷寺前影壁

浙江宁波天童寺前影壁

四川成都文殊院门前影壁

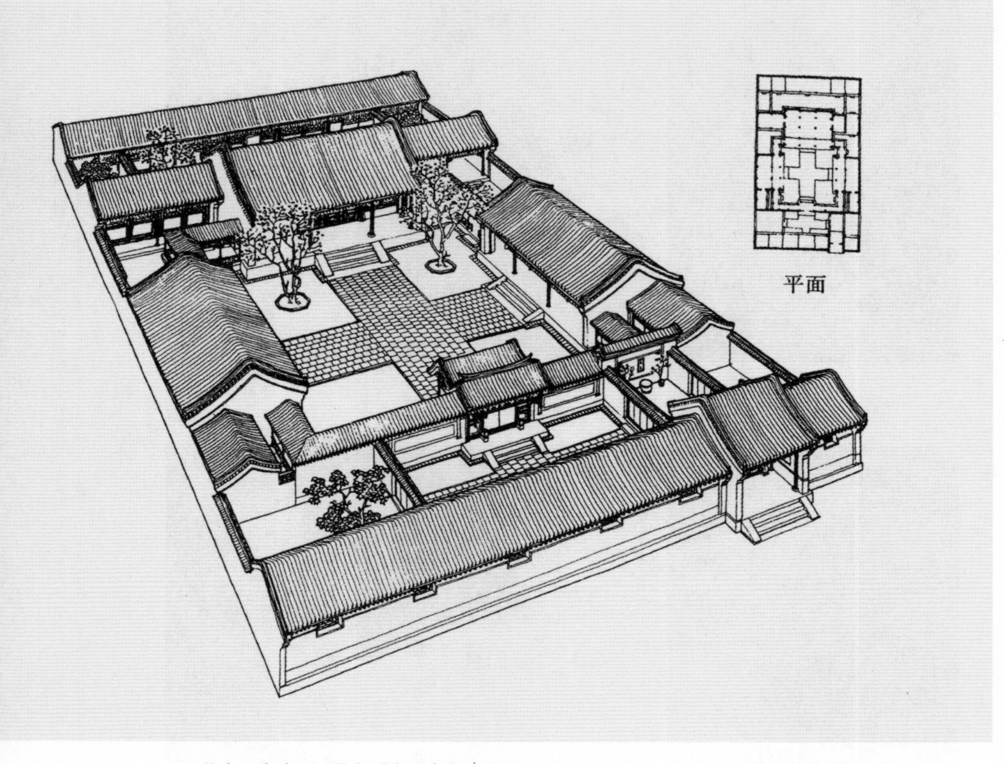

北京四合院图（录自《中国古代建筑史》，中国建筑工业出版社，1984 年 6 月出版）

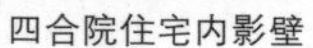

四合院住宅内影壁

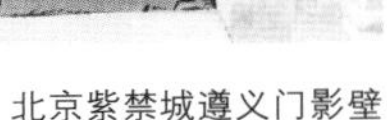

北京紫禁城遵义门影壁

紫禁城御花园外影壁

代乾隆皇帝准备在他退位当太上皇时居住和使用的，所以在布置上很注意要显出皇家建筑的气魄。它的入口是南面的皇极门，正对着皇极门立着一座很长的影壁，影壁上有九条用琉璃烧制的巨龙，这就是有名的九龙壁。皇极门、九龙壁和东西两面的钦禧门和锡庆门组成了这一组宫殿建筑群大门前的广场。在其他地方，还有几处这样大型的九龙影壁，例如北京北海的九龙壁，山西大同的九龙壁。现在人们都将它们当做独立的大型艺术品来欣赏，其实原来它们都是建筑群大门前的影壁。前者是北海天王殿以西一组建筑（现已毁）大门前的影壁，后者是明太祖朱元璋的儿子朱桂的代王府门前的琉璃影壁，它们都起着组成门前广场和加强建筑群气势的作用。

在一些较大型寺庙建筑群的院门前，往往也设有这种影壁。南京夫子庙的棂星门前有一座影壁，因为夫子庙利用流经门前的秦淮河作为庙门的泮池，所以这座影壁被安置在秦淮河的南面，隔河与大门对峙，为了仍旧具有门的屏障和起着组成门前广场的作用，影壁被建造得特别长。在其他地方的一些佛寺建筑群的大门外都见有这类影壁，

北京紫禁城乾清门两侧影壁

它们的规模有大有小，但在建筑群中所起的作用是一样的。

设立在门里的影壁立在大门的里面，与大门有一定距离，正对着入口，完全起到一种入口屏障的作用，避免人们一进门就将院内一览无余。所以这种影壁多设在皇帝寝宫和住宅内院大门的里面。

在北京紫禁城里，我们可以发现多处设有这类影壁。这些院落多半是作为皇帝和皇族居住的建筑。如西路养心殿，是明清两代皇帝的寝宫，在通向养心殿的第一道门遵义门内，迎面设有一座琉璃影壁。在御花园西面通向西路太后居住区的大门内也有这样的琉璃影壁。在内廷东西两路帝后、皇妃居住的宫院内也多有木制的或石制的影壁。

在北方四合院建筑中，门内影壁被广泛地采用。在规模不大的住宅中，大门多设在东南角，一入口就是厢房的山墙面，所以这类影壁就附设在厢房的山墙面上而不独立设墙。在规模较大的四合院中，除大门外，在里面还有一层内院，内院的大门里往往也设有一道影壁以起到屏障的作用。

紫禁城养心殿院门两侧影壁

安徽农村住宅大门两侧影壁图（由清华大学建筑学院资料室提供）

北京紫禁城养心殿内院影壁

云南大理住宅影壁

北京香山砖影壁

香山砖影壁砖雕装饰

设立在门两边的影壁除了起屏障作用外，还具有很重要的装饰作用，所以有时也被用在大门的两侧以增添大门的气势。北京紫禁城乾清门是内廷部分的主要入口，自然是一座重要的大门，但它的形制，无论在门的开间大小、台基的高低、屋顶的形式以及在装饰上都不能超过外朝的入口太和门，这是朝廷制度所规定的。所以，乾清门为了增强气势，在门的两侧加设了影壁，呈八字形分列在大门的左右，与大门组成为一个整体。紫禁城东路的宁寿门也同样采用了这种办法，在门的两旁加设影壁，与大门组合成了十分有气势的建筑群入口。

在紫禁城内廷区，有许多供皇帝、皇后、皇妃、皇子居住的建筑，它们各自成为一个院落，各有一座主要的院门。这种门多为附建在院墙上的一种随墙式门，在墙上开门洞，门洞上附加一些屋顶、屋檐作为装饰。有时为了加强这种门的表现力，也在门洞两旁加筑影壁。例如西路的养心门、东路斋宫大门、御花园的天一门两侧都加设了这种影壁。不仅宫殿建筑，在农村比较讲究的一些建筑上也有这样的影壁。常见的有在戏台两边，连着戏台各设一道影壁，在住宅的大门两侧各置影壁，呈八字形分列左右。但是以上这些影壁已不具有独立存在的价值而变成大门不可分割的一个组成部分了。

在北京紫禁城里，我们还发现有一种与入口没有什么关系的独立存在的影壁。如在西路养心殿内院，在大门两旁各有一座影壁；

北京紫禁城景仁宫石影壁

紫禁城西路宫内木影壁

东路宁寿宫养性门内两旁也各有一座影壁。这四座影壁都为琉璃制作，它们既不对着大门，也不附在大门两旁，和建筑群的正殿也看不出有什么特殊的关系，它们立在院内好像专供人们观赏的一件大型工艺品。

云南大理是少数民族白族的聚居地区，这里有一种白族的传统住宅，称“三房一照壁”。它的形式是由三面房屋一面照壁组成住宅院落，照壁正对正房，宽度也与正房相当，灰砖筑造，白灰罩面，壁前还栽种些花草。不论从住宅院内院外观看都是一处很亮爽的景观，借着白色墙面的反光，使住宅院内也增加了亮度，这样的用法在影壁中也算是特例了。

以上是从影壁所在的位置来区分的，如果从影壁的制作材料来区分，则又可以分为：一是砖影壁，从顶到底全部用砖瓦砌筑。这种影壁占了绝大多数，四合院住宅的影壁都属于此类，有的在壁身上抹灰，有的则不抹灰。二是琉璃影壁，所谓琉璃影壁并不是从里到外全部都由琉璃制作，只是在砖砌的影壁外包以琉璃构件，北京、山西大同的九龙壁都属此类。它们的壁身用琉璃砖拼嵌在砖壁外面，壁顶用琉璃瓦，壁座多用石料而少用琉璃。至于那些在砖影壁外局部用琉璃作装饰的则不属于琉璃壁之列。三是石影壁，全部用石料做影壁的不多，我们只在紫禁城景仁宫见到一座不大的影壁，全部是用石料制成的，它放在宫门内起到屏障的作用。四是木影壁，这类影壁不多，因为木料在露天经不住风吹雨淋，容易被腐蚀损坏，所以它们多带有出檐以减少雨淋。因为制作材料的不同，使各类影壁在形式上都有各自的特点。

影壁的造型与装饰

一般来说，影壁的造型和普通的墙体一样，可以分为上中下三个部分，即上面的壁顶、中间的壁身和下面的壁座。壁顶部分的作用和房屋的顶部一样，一是作为墙体上面的结束，二是伸出檐口以保护壁身。它们的形式多做成与普通房屋的屋顶一样，有四面坡的庑殿顶和歇山、悬山、硬山四种形式，按影壁的大小及重要程度而分别采用。各种形式的影壁顶虽然面积都不大，但依然上面铺筒瓦，中央有屋脊，正脊两端有正吻，垂脊前端有小兽，四角一样有起翘，具有屋顶一样的各种部件与装饰。当然也有个别影壁是没有壁顶的，例如前面介绍的紫禁城景仁宫的石影壁，完全是一座顶上光光的石造屏风放在下面的石座上。壁身部分是影壁的主体，它占据整座影壁的绝大部分，是影壁进行装饰的主要部位。在一些寺庙的影壁上，往往书写有“南无阿弥陀佛”、“万古长春”等字样，或者干脆写上“寒山寺”、“佛光寺”等寺庙的名字。壁座部分是整座影壁的基座，它们多采用须弥座或者它的变异形式。

我们见到的大部分影壁从整体外形来看，多为整齐的一面墙体，但也有一些影壁不是这样简单的形体。有的建筑大门对面的影壁两边呈八字形向内收进，增进了门前广场的内聚力。有的影壁将两边向内收进的部分壁顶降低，使整座影壁形成一主二从的形式。也有的干脆将影壁分为三段，中间大，两边小，有主有从，避免了影壁过长而缺乏变化的缺点。

由于影壁在建筑群中所处的位置都是人们进出时正面相对必然

山西农村住宅大门内影壁图（由清华大学建筑学院资料室提供）

山西五台山佛光寺影壁

北京紫禁城宁寿宫九龙壁

见得到的地方，所以影壁就成了装饰的重要部位。

九龙壁是所有影壁中装饰得最华丽、最隆重的一种。在这里，我们重点介绍一下北京紫禁城宁寿宫前的那一座九龙壁。这座影壁建于清乾隆三十六年（1771 年），影壁总宽二十九点四米，总高三点五米。它是一座扁而长的大型影壁，从上到下分为壁顶、壁身和壁座三个部分。除基座外，在砖筑的壁体外全部都用琉璃砖瓦拼贴。

九龙壁壁顶上面是黄色的琉璃瓦顶，采用四面坡庑殿顶的形式。在中央正脊的两端各有正吻一只，在长达二十多米的正脊上贴有琉

浙江杭州雷峰塔前八字影壁

上海松江县大影壁

璃烧制的九条行龙，左右各有四条面向中心的龙，它们各自都在追逐一颗宝珠，到正脊的中心是一条龙头正面向外的坐龙。正脊上的九条行龙龙身皆为绿色，周围满布的云朵为黄色，火焰宝珠为白色，所以这些龙和宝珠在正脊上都相当醒目。壁顶檐口以下有两层椽子，椽子下分布有四十六攒斗栱，这些斗栱和椽子都是由琉璃烧制的。

壁身是这座影壁的最主要部分。上面有一条通长的额枋承托着斗栱与壁顶，枋子上有三组旋子彩画。为了简化装饰，彩画省去了枋心部分，只保留着两头的旋子花纹，这些花纹也是由琉璃砖拼贴

宁寿宫九龙壁局部

宁寿宫九龙壁局部

出来的。额枋以下就是巨大的壁身，在这块壁身上安排着九条巨龙。从这块壁身的总体布局来看，九条龙下面是一层绿色的水浪纹，九龙之间有六组峻峭的山石，壁身底子上满布着蓝色的云纹，九条巨龙就是腾跃飞舞在这水浪之上和云山之间。九条龙的姿态都不相同，左右也不对称，有的是龙头在上的升龙，有的是行进中的行龙，中央是一条黄色的坐龙。每条龙的龙身皆盘曲自如，既表现了龙体的舒展合理，充满着动态的力量，又照顾到平面构图的疏密合宜。壁面上的每条蟠龙都在追逐着自己前面的火珠，只有东边两条面对面的蟠龙是在追逐着同一颗火珠。火珠身上都带有跳跃状的火焰纹，增加了火珠和蟠龙的动态。

我们再从壁面雕刻起伏的处理来看，九条巨龙采用的是高浮雕手法，尤其是龙头部分，高出壁面达二十厘米之多。除龙体之外，六组山石高出壁面也较多，它们把九条龙分隔为五个部分。大片水浪和云纹则都用浅雕作为衬底，所以在阳光照耀下，九条蟠龙显得尤为突出。

从色彩安排上看，壁面上的云纹、水纹用的是色相相近的蓝色和绿色，组成为青绿色调的底面；九条蟠龙分别采用黄、蓝、白、紫、橙五种颜色，排列次序是中央的主龙为黄色，左右各四条龙依次为蓝、白、紫、橙四色，这五种颜色在青绿色调的底子上都显得比较醒目；八颗火焰宝珠都是白色和黄色的火焰纹，在青绿底子上也很明显。

九龙壁的壁座是用汉白玉石料制作的须弥座，在基座的各个部分都有石雕的花纹作装饰。

不论是白石的须弥座还是彩色的琉璃壁面，都是由一块块石料和琉璃面砖拼接而成的。面积达四十多平方米的壁面共计由二百七十块琉璃砖拼成，由于壁面图案复杂，可以说没有一块是相同的画面。在创作过程中，先需要有整幅画面的设计和塑造，然后精心分块，每一行块与块的横向接缝上下要错开，还要尽量使接缝不要落在每条龙的龙头部位以保持龙头的完整。这图案不同、高低有异的二百七十块塑面都要涂上色料，送进琉璃砖窑烧制成不同色彩的琉璃砖，然后将它们按次序一一拼贴到壁面上，拼贴时块与块

北京北海九龙壁

之间，上下左右的花纹要吻合，色彩要一致，连接要牢固，才能最终得到一座完美的九龙影壁。今天，经过二百多年的风雨磨洗，我们见到的这座影壁，九条龙的形象还是那么完整，各块琉璃砖之间没有发生错位，龙身、云水、山石的色彩还是那么晶莹而带有光泽，连琉璃釉皮都很少有剥落的。从这里可以看出，乾隆时期我国设计琉璃制品的水平，烧制和安装琉璃砖瓦的技术都已经达到了相当成熟的程度。

北京北海的九龙壁面阔为二十五点八六米，比紫禁城的九龙壁略短，但它的高度达六点六五米，厚一点四二米，所以看上去比宁寿宫九龙壁更显敦实。它的装饰和宁寿宫九龙壁相似，也是周身上下都用琉璃砖瓦贴面，连壁座都不用石料而用五彩琉璃来装饰了，所以整座影壁更显得光彩夺目。虽然它原来所属的建筑群已不存在，但人们并不会感到它的孤立，而完全把它当做一座独立的艺术品来欣赏了。

山西大同市的九龙壁是国内九龙壁中最大的一座，壁长四十五点五米，高达八米，厚有二点零二米。壁顶采用庑殿顶形式，正脊上布满了游龙和莲花装饰，壁身上有九条巨龙翻腾于汹涌的云山海浪之中。这座影壁的色彩粗看不如北京两座九龙壁那样五彩绚丽，主要是黄色的巨龙和蓝紫色的底子。但仔细观察，这黄色的龙并非单纯的黄，而是浅黄、深黄和赭色相混，底色蓝紫也不是简单的二色，而是用了蓝、绿、紫几种色彩相配，在相近的色相中又极富变化。尤其在九条蟠龙的造型上着力于龙身的塑造，无论是龙头在上的升龙，龙头在下的降龙和中央的坐龙，都注意龙身盘曲的自然，在龙身高低和盘曲度的掌握上又力求表现出神龙翻腾于云海间的无

山西大同九龙壁

比力度。正因为如此，这座九龙壁虽然在色彩上不如前两座那么华丽，但在总体气势上却胜过了前者。

从以上对九龙壁装饰的介绍和分析中，我们发现了一个很有趣的现象：影壁顶采用五条脊的庑殿顶，壁顶的正脊上装饰着九条行龙，屋檐下四十六攒斗栱之间共有五乘九等于四十五块雕有龙纹的栱垫板，壁身上有九条巨龙，壁面是由三十乘九等于二百七十块琉璃砖拼接而成。可以说，九龙壁各处都或明或暗地隐藏着九和五这两个数字。这种现象是不是偶然的呢？只要我们看一些在中国古建筑上的其他装饰就可以理解了。宫殿建筑的板门上，横竖排列着九路九行共计八十一枚金色的门钉；宫殿建筑屋顶的戗脊上有一排小走兽作装饰，其中最重要的建筑上是用九个小兽，其次用七个、五个、三个和一个，用的都是单数；天坛祭天的圜丘，由三层石台组成，每一层台基的台阶都是九级；综合这些现象，当然就不能说是偶然的了。中国古代相信阴阳五行之说，《易经》中说，“天下万物，皆由阴阳”，所以凡天地、日月、昼夜、男女皆分属于阴阳，甚至连数字中的奇数与偶数，方位中的上与下、前与后皆分阴阳，阴阳既相互对立又相互依存。这种观念流行很广，它反映到了建筑的选地、择基、规划、取名、装饰等各个方面。帝王自然属于阳，而阳数中又以九为最大，五为居中，所以古代称帝王为九五之尊。因此，皇宫中最大的影壁做成九龙壁，最主要的大门门上有九乘九共八十一枚门钉，所以九龙壁上或明或暗地用了那么多与九有关的数字。这可以说是一种象征性的设计手法，这种手法在我国古代建筑的设计中，尤其是在宫殿建筑的设计建造中有着很深的影响，起着很重要的作用。

在大多数影壁中，不可能像九龙壁那样浑身上下都装饰，只在壁身上进行一些装饰，即使在宫殿建筑中的其他影壁也是这样。

从装饰的布局来看，多集中在壁身的中心和四个角上。中心称做“盒子”，四角称做“岔角”。从装饰的内容来看，有各种兽纹和植物花卉，取材很广泛，但所用题材多和建筑的内容有关。紫禁城西路的重华宫是清代乾隆皇帝当太子时的住所，所以宫门左右两边的影壁上，中心盒子和四个岔角都用龙纹装饰。西路养心殿和东路养性殿都

北京紫禁城天一门影壁装饰

琉璃影壁中心装饰

是皇帝、皇后居住的寝宫，这两个院内琉璃影壁的中心盒子都用“鸳鸯卧莲”的内容作装饰，海棠形的盒子里，两只白色鸳鸯浮游在碧水上，周围有绿色的荷叶、莲蓬和黄色的荷花；四个岔角分别用了四种不同的花卉。御花园钦安殿是供奉道教的宫殿，殿前天一门两旁影壁的中心盒子里用了仙鹤和流云装饰。在影壁的中心盒子和四个岔角中，用得最多的装饰内容还是植物花卉，就连紫禁城乾清门、宁寿门两边八字影壁的中心盒子里用的都是花卉，在海棠形盒子下方是一个花篮，花篮里伸出繁茂的绿色枝叶，枝叶中有九朵盛开的花朵和十朵含苞待放的小花蕾，组成一幅富丽堂皇的画面。

在各地的寺庙和民宅里，影壁大多为砖筑，在这类影壁上，所采用的装饰手法大致有以下几种：一是将砖筑壁身的部分外表抹灰，

江苏苏州虎丘“冷香阁”影壁

使这一部分与壁顶、壁座明显地区分开来，在色彩和质地上都有一个显著的对比，然后再在抹灰的壁身中央部分进行装饰。二是在影壁的壁身部分用几种不同的砖面处理，如在壁身的左右两边或者上下左右四个边用普通砖，而在壁身的中央部分用方砖，呈斜方格贴面，而且采用磨砖对缝法使表面既平坦又细致，使这一部分和四周的砖面有一个明显的区别，利用两部分不同的质感与纹样达到装饰的效果。三是用砖雕作装饰，这是最讲究的一种，多出现在城乡重要的住宅里。这种影壁壁顶是砖造的屋顶与斗栱，壁身四周有砖砌出的立柱和梁枋，壁身的中央为雕刻所在部位。雕刻画面有大有小，大者用动植物甚至还有人物、建筑组成具情节性的场面，用深雕、浅雕多种雕法雕刻出完整的场景。小者用植物花卉、山石云水组成有象征意义的画面置于影壁中心，壁身四角配以花草纹饰，构图完整，具有很强的装饰效果。

从各式影壁的色彩处理来看，除了五彩缤纷的九龙壁外，还有其他的多种式样。大致可以看出，在宫殿建筑和一些规模较大的寺庙中，影壁尽量装饰得色彩华丽。如紫禁城遵义门、养心殿内的影壁，外表都包以琉璃，在一身黄色的琉璃壁身上，中心盒子和四个岔角用了绿色和白色琉璃作装饰。在乾清门、宁寿门两侧的八字影壁上，在一些建筑群院墙大门的两边影壁上，都用彩色琉璃作壁顶和斗栱、梁枋，壁身上有琉璃的边框，中间是红色的灰墙面，中心盒子和四个岔角都用黄、绿琉璃作装饰。这些用琉璃的影壁，它们的特点是能够显示出富丽堂皇的景象。

在各地一般寺庙中，影壁上多不用彩色琉璃，除了灰黑色的砖瓦外，只能在壁身的抹灰上作色彩的处理。我们发现，影壁色彩的选择往往和整座寺庙的色彩保持一致。江苏扬州观音堂用的是红色墙体，它的影壁也是红色的；苏州寒山寺是黄色的墙体，它的寺前影壁也是黄色的壁身。在这些壁身上有时还题写文字，文字的颜色

山西农村新住宅的影壁

山西农村新住宅的影壁

也很讲究。苏州寒山寺黄色影壁上的寺名为白底绿字；苏州虎丘白色影壁上嵌砌了三块方形灰色石块，石上刻的是蓝色的“冷香阁”三个字。这类影壁的色彩讲求雅致而避免华丽，保持与寺庙总的色调一致。

在大量民宅的影壁上，从壁身到上面的雕刻，都是清一色的灰砖色，有的在壁身上用了白灰抹面，在白色底上再用砖雕装饰。总的来讲，基本就是灰与白两种色彩，十分干净而且素雅，有时也会感到过于冷清，但只要在影壁前略加点缀，冬季一座湖石，夏季一缸荷花，平时繁花朵朵，则整座影壁从形象到色彩顿时鲜亮活泼起来，成为住宅入口的第一佳景。

一座简单的影壁，其功能是为了建筑和院落的隐避，在工匠和主人的指点下，在长期的实践中，居然创造出了如此丰富多彩的形象，从而使建筑群体更加富有情趣。

在现代建筑中，还需要影壁吗？让我们先观察农村。随着经济发展与生活水平的提高，农民纷纷建造了新房，从南方到北方，甚至在一个村，传统的四合院到新式的别墅洋楼，各种形式的住房都有，但在不少农民的心目中，仍旧保持了住宅需要私密性的传统观念，于是在不少新造的住房院门里，迎着大门还是建起了一道影壁，如果与老影壁相比，它们只是材料和装饰发生了变化。这些年，从北京到全国各地城市，曾经风靡过一阵在新建大楼外表贴白色瓷砖，从政府办公大楼、大学图书馆到商业大厦、住宅楼房，从单栋的建筑到整个小区，甚至到一座因长江三峡工程而迁址的新城，到处是耀眼的白楼。这种信息通过电视等媒体的传播，也通过大批进城打工或经商农民的耳闻目睹，很迅速地传到农村。所以，一时间白瓷砖的新楼仿佛成了新时代、新生活、发财致富的象征与标志，于是农民在自己新建的房屋上也如法炮制地贴上白色的或者其他浅颜色的瓷砖。所以，位于显眼位置的新影壁自然也周身贴满了瓷砖，并且还用瓷砖烧出“福”字，烧出各式花纹装饰在影壁身上，那些砖雕的“吉祥如意”、砖雕的花饰都被当做陈旧的标志而退出了历史的舞台。在一些更富有的拥有摩托车、小货车的农民家里，为了方便车辆的出入，影壁自然就被淘汰了。

浙江普陀寺新建的九龙壁

北京圆明园用鲜花组成的九龙壁

我们再看城市里的情况。城市用地紧张，自然不可能再去大量兴建独门独户的四合院，代之的是一个又一个单元式住宅小区。在这些小区里虽然在公共绿地中也能见到传统形式的凉亭与空廊，见到小桥流水，但是影壁已经失去存在的价值而消失了。有意思的是，在少数住户的家里，在入口门厅里还可以发现有一面小小的影壁，它们多数是为了遮挡住后面的卫生间或者厨房的门，挡住后面的冰箱、洗衣机，以便入门以后有一个完整的小空间。当然在这些小影壁上主人也用心进行了装饰，一块细致的木雕，一幅绚丽的蜡染，反映出主人的情趣，小小影壁在这里仍然起着遮挡与装饰的作用。

我们在城市个别的寺庙里还见到新建造的九龙壁，有的在寺庙的大门前，有的在庭园里；有全部砖雕的，有用彩色小瓷片镶拼在龙身上的。在北京圆明园里还见过一座完全用鲜花拼摆的九龙壁，色彩十分绚丽。龙，这中华民族的图腾，又成了封建帝王的象征，所以装饰着九条龙的影壁过去只能是用在帝王宫殿或者皇家寺庙、皇族建筑的前面，古代留存至今的也只有几处。但是在广大的百姓眼里，不论是紫禁城里宁寿宫前九龙壁，还是北海的九龙壁，它们都是一座巨大的古代工艺品，这壁上的龙在他们眼里也只是自己民族的标志，是民族历史文化伟大的象征。所以，他们为了显示一座寺庙的历史，再现一处古迹的文化，就建造了这样的新九龙壁，并且用心地雕刻、打扮这些龙，使它们尽量地活灵活现和五彩缤纷。

影壁，这种古代的小品建筑，还会有多久的生命力呢？

第七讲　碑　碣

碑碣，简称为碑，是一种人们熟悉的小品建筑。只要走进寺庙，多能见到在大殿前或者在庭院里立着石碑。在陵墓建筑群中，不论是庞大的皇陵，还是百姓的小墓，都可以看到陵墓前的碑石，只是前者的碑石很大，往往立在专门的碑亭之中，后者的碑石很小，不大的一块石碑竖在坟头，上面书刻着墓主人的姓名和简单的生平。那么，碑碣这种小品建筑是怎样产生的，它们有哪些功能，又具有什么价值，这都是需要回答的问题。

碑的功能

中国古代早期的碑，功能有所不同。一是立于宫室、庙堂之前，用以观察太阳的影子位置从而辨明阴阳的方向。二是立在宫室、庙门前用做拴马等牲口的石头。三是立在墓边用以拴绳子系棺木入墓穴的，原来是一根木柱，后来改用石料，石上钻一穿绳索用的小孔，用完之后，随棺木一起埋入土中。之后，这块石头不埋入土而留在地上，而且在石头上刻上墓主人的姓名及生平事迹，竖立在坟头或墓前神道上，称为墓碑或神道碑。这种在石头上刻文字记事的方式不但用在墓碑上，也逐渐地用到宫府、庙堂前面观日影和拴牲口的石头上，石上刻文记事成为石碑的主要功能了。

现在，我们见到的寺庙里的石碑是专门刻记与庙有关的事迹的，如寺庙的性质、修庙的经过、建庙以后的兴衰史，有的还刻着为建寺庙出钱出力的人的名字等等。所以凡较大规模或历史较悠久的寺庙几乎都有此类碑碣，有的还不止一块。

碑既然成了记事的一种形式，它就逐渐走出庙门与陵墓而出现在其他需要记事的地方。辽宁沈阳故宫在乾隆时期加建了一座专门贮藏四库全书的文溯阁，在文溯阁旁边立了一块石碑以记述建阁的经过。在河南永城县北郊的芒砀山，有一块名为“汉高祖斩蛇处”的石碑。据《史记》记载：有一天，汉高祖喝了酒，率领众人夜行至此，走在前面的人报告，前有大蛇挡道，高祖说：“壮士行，何畏！”乃拔出宝剑把路上的蛇杀掉了。后来有人途经此处，见一老妇在哭诉：我儿是白帝之子，变蛇挡道，被赤帝之子杀了。说完随

北京颐和园万寿山昆明湖碑图（由清华大学建筑学院资料室提供）

颐和园石碑

山西平顺大兴寺造像碑

即消隐不见。汉高祖即位后，在斩蛇处修立石碑以资纪念。原碑已毁，现在这块碑为明代隆庆五年（1571 年）所立，碑上刻记了这一段历史。

今河北围场县是清代皇帝专用的狩猎场所。每年秋季，正当水草丰盛、野兽出没时，帝王邀集汉、满、蒙诸族的王公大臣一起到这里狩猎，乘此机会通过奖励、会盟、封爵等活动以笼络各族贵族。这种活动成了康熙皇帝以后清朝廷的一项重要政治活动，对于巩固封建中央集权起到了重要的作用。就在这一地区，留下了好几处石碑：“虎神枪记碑”记的是乾隆皇帝用虎神枪猎虎之事；“木兰记碑”

记的是木兰围场创建的经过及狩猎的盛况；“古长城说碑”记的是在木兰围场发现了古长城遗址，引起皇帝查访遗址的事；“入崖口有作诗碑”立于围场山崖之巅，形势险要，碑上刻记乾隆诗“入崖口有作”一首。这些碑所记内容都围绕着围场狩猎的事，并抒发了帝王牢记祖训、不忘习武的心愿，多数还用了汉、满、蒙、藏四种文字镌刻在碑的四面。记事之碑，自然多数与帝王朝廷之事有关，但也有专门记述当地重要事件的，如四川西昌市郊的光福寺，共有石碑百余块，较详细地记述了西昌、甘洛、宁南等地历史上发生地震的情况，包括明清以来几次大地震的时间、受震范围及震后人畜、建筑所受损害状况，成了很重要的科学史料，具有很大的史学价值。

碑除了记事外，也有专门记人的。记事之碑，有时也与人相关，但总以事件为主，而记人之碑则以某人的事迹为主。河北沙河县有一唐代的“宋璟碑”。宋璟为唐代政治家，曾担任过尚书、右丞相等职，死后归葬家乡祖坟。此碑立于唐大历五年（770 年），为大书法家颜真卿撰写的碑文，字体气势豪迈，所以特别有价值。河北唐县有一块“六郎碑”，是后人为纪念宋代将领杨延昭（六郎）镇守三关的功绩而建立的。杨六郎在遂城（今河北徐水县）一带英勇机智地抗击辽军的入侵，多次获胜，碑立于当年六郎伏兵大败辽军之处。这些就是所谓的“树碑立传”，用建立石碑的形式来颂扬某人的功绩，使之流芳后世。

还有一类专门为某地某处题名的碑。清乾隆皇帝于 1750 年修建清漪园（今颐和园），将原来的瓮山和山前的西湖定名为万寿山和昆明湖，于 1751 年用巨石造碑，题名“万寿山昆明湖”，立于前山腰“转轮藏”一组建筑的中央，背山面湖，碑的背面还刻记了修建清漪园的经过。在颐和园后山谐趣园内的北面有一假山环绕、十分幽邃之处，名为“寻诗径”，乾隆遂手题“寻诗径”三字刻碑于园中。

石碑上除了镌刻文字外，还有雕刻画像的，我们称之为“造像碑”。山西襄汾几座寺庙里多有这类造像石碑，主要刻的是佛、菩萨、弟子、胁侍、天王等像，形态各异，分别为北魏、北齐、隋、唐几代的作品，现在集中陈列在县博物馆内，多达二十多座。

碑的位置

记事的碑都立在事件发生的地点，寺庙的碑立在庭院中大殿之前的明显处，单座殿堂的碑则有时立于殿堂前廊或大殿里面，有的还嵌在墙上。题名的碑自然必须在原地，而记人的碑多立于其人的祖籍或者与其人一生中主要功绩相关联的地方，例如武将累立战功之处，文臣施行德政之地，这样可以见其碑而念其行，更好地达到纪念的目的。造像碑则立在供奉神明处。一般地说，各类石碑多单独存在，即一事或一人一碑。普通的碑立于露天之中，重要的碑专门建有房屋，将碑立于室内。这种建筑多四面开敞，不设门窗，便于看碑，故称为碑亭，在一些皇陵或重要的寺庙中都可以见到。北京明十三陵、沈阳北陵都有碑亭，这两处碑亭都放在建筑群的中轴线上，石碑上刻记着这座皇陵的状况，包括陵的名称、建陵经过、陵的规模等等，成为陵墓建筑序列中重要的一个部分。

也有将多座石碑放在一起的。浙江绍兴市西南郊的兰亭是东晋大书法家王羲之与他的好友在此作禊饮之乐的地方。晋永和九年（353 年）三月初三，风和日暖，众好友欢聚野外，围坐于曲水之边，把酒杯放置水上，随曲水漂流，看酒杯停在谁面前，谁即饮此杯酒并罚咏诗一首，以此为乐。这种文人雅事逐渐成了古代的一种民俗，而且将自然的曲水变成了人造的弯渠，形成为后世的“曲水流觞”。兰亭之所以出名，乃是因为大书法家王羲之在这次欢饮之后，将众人所作之诗汇编成集，并亲笔书写了一篇著名的《兰亭集序》，记述这次修禊的盛况。后世尊羲之为书圣，唐、宋以来，不少书法家

北京法源寺大殿前石碑

辽宁沈阳北陵碑亭

浙江绍兴兰亭鹅池碑

绍兴兰亭兰亭碑

山东曲阜孔庙碑亭

都喜好临摹《兰亭集序》，这种临摹的书刻石碑在兰亭就集中了十余种。后来清康熙、乾隆二帝先后来此题字为碑，还建有“流觞亭”一座，亭前有鹅池，池畔立一大石碑，上刻“鹅池”二字，亦传为王羲之手笔。小小一块兰亭地，就集中了这样许多碑碣，这也反映了书法艺术在中国文化史上的重要地位。

山东曲阜孔庙，保存有历代记载修葺孔庙的石碑十余座。为了保护这些历史古迹，自金代以来，陆续修建了多座

山东泰安岱庙石碑

四川云阳张飞庙碑帖

碑亭以存放这些石碑，并将它们集中在大成门前，共十三座，成了专门的十三御碑亭区。山东泰安岱庙是历代帝王封禅泰山、举行大典的地方，传说创建于秦汉，至北宋已经有了很大的规模。庙内建筑虽多为元、明以后所修建，但留下的碑刻却还有秦汉时期的原物，大小石碑共计一百五十余座，其中有珍贵的“泰山秦碑”，刻有杜甫名诗《望岳》诗的“望岳碑”等，都具有重大的历史与文化价值。

但碑碣最多最集中的地方还是陕西西安的碑林，早在唐代末期天祐元年（904 年）长安城缩小时，就将一些重要碑刻集中保存以免遭散失。至宋元祐五年（1090 年），又将唐代开成年间镌刻的石经碑刻和其他重要石碑移至现在碑林的位置集中保管，并为此专门修筑了存放石碑的廊房等建筑。从此，这里就成了全国最大的碑石集中地，经过明、清等历代的增添，至今已保存有自汉魏以来元、明、清多代碑石墓志共二千三百余件，光唐代“开成石经”就有一百一十四块，是一座名副其实的石碑之林。

碑的价值

石碑所以受到历史上这样的重视，并不是偶然的，这是因为石碑具有多方面的价值。

第一，石碑记述了历史。自从石碑具有了记事记人的功用后，它不再局限于寺庙内专门记载修庙经过的碑记，而成为广泛范围内记事的一种形式了。

中国的历史，包括政治、经济、文化、科学等多方面的历史，除了靠口传以外，主要依靠文字的记载，而文字又依靠竹简、龟甲、纸张、石刻等多种材料得以记载和流传，其中以石刻最为经久而保险。尽管石刻的碑记远不如纸张的全面而完备，但有时可以起到重要的补充与印证的作用。前面介绍的四川西昌市光福寺内记载了历史上多次发生在该地区的地震状况的百余块石碑，不仅具有史学价值，而且是不可多得的科学史料，对于研究这个地区的地震至今仍有十分重要的意义。浙江杭州最近在清理西湖雷峰塔遗址中发掘出来的经文石碑，对于鉴定雷峰塔的建造时间与历史都起到了与文字记载相互印证的重要作用。

在观察与研究乡村历史的工作中，石碑的价值往往显得更为重要。中国古代长期处于农业经济社会，农村的地域与人口占了全国的绝大多数，农村的经济、政治、文化是中国历史极重要的一个部分。但是长期以来，传统的历史文献很少有这一部分的详细记载。遍及全国的县志应该算是记录各地历史状况最基础的史料了，但是在县志中也只是限于对各乡村的地理位置、名称以及著名的寺庙、名胜的记载和简单的介绍。目前对于广大乡村历史的研究多依靠百姓的家谱、族谱，只有在这类谱记中才记载有这个村落的起源、发展、主要建筑的建造、历史上主要事件和村中主要人员的活动等等材料。但是这类谱记并非每一个村都有，即使有族谱、家谱，经过历史上的动乱与变化，这些谱记多有散失甚至毁灭。在这种情况下，往往一个村的石碑，包括寺庙、祠堂里的碑和百姓的墓碑却给我们提供了宝贵的史料。山西沁水县有一座西文兴村，是一座与唐朝政治家柳宗元同族的柳氏家族血缘村落。村不大，五十多户，二百多人，村里原来有寺庙、祠堂多座，虽几经毁损，至今仍保存有明、清两代讲究的住宅四五座，多进院落，雕梁画栋，村道上立着文昌阁和明代的石牌坊，村口处有一座关帝庙和魁星阁，是一座具有典型意义的封建血缘村落。在当地县志上除村名与位置外没有找到更多的资料，唯一一部《柳氏家谱》也在不久前被族人认为无保留价值而烧毁了。但幸运的是，村里仍保留着各式各样的碑记，包括有记载柳氏宗族谱系的宗支图碑。寺庙、祠堂被毁，但仍保存有寺庙、祠堂的修建碑，加上墓碑、祭祀礼仪碑、教化碑、训导碑、诗作碑、题名碑以及名人书画碑等共有四十余块。我们正是借助于这些完整或残缺的碑文，借助于实地勘察，终于整理出了这座小村的起源与几度兴盛与衰落的历史，勾画出了这个村在兴盛时的村貌，发掘出了它们的历史与文化价值，使西文兴村成为山西省的省级重点文物保护单位。

第二，石碑留下了历代书法家的真迹。书法艺术自古以来就成为我国文化史中很重要的一个部分，古代书法艺术既讲求创新，又讲求继承，各代著名书法家多在继承前人书法的基础上，融会贯通，从而创造出自己的风格和流派，形成了我国灿烂的书法艺术天地。所以在书法艺术的发展中，观摩、临摹、研究前代名家之作成了重要的内容。前代书法的保留，在我国古代靠的是竹简、纸张和石刻，三者之中，唯石刻能够保存得最长久，最不易损坏。而历代不少石碑又多为名家撰文书写，所以石碑上的刻文无形中成了书法大家真迹的集中场所。泰山下岱庙里的一百五十多座石碑中就有书圣王羲之、王献之父子，宋代苏轼、米芾等名家的字迹，凡草、隶、篆、颜、柳、欧等多种字体俱全，而且雕工也很精致。在西安碑林的一千余块石碑中，也保存了包括唐宋两代欧阳询、颜真卿、柳公权、米芾、蔡京、赵喆、苏轼、赵孟頫等名家的墨迹，真可谓是书法博物馆了。

第三，石碑还记录了历代的石雕艺术。石碑的碑头、碑身、碑座都有石雕作装饰，它们有高雕、浅雕等各种手法，有龙、狮等动物和植物花卉的多种装饰内容。这些雕刻多表现了各个时代所具有的特征，成为我们研究雕刻艺术发展的绝好资料。

所以可以说，石碑是一部石头的史书，它浑身上下都是宝，具有很高的历史和艺术价值。四川成都纪念蜀国丞相诸葛亮的武侯祠内有一块唐代碑，记载了诸葛亮的一生功德，由唐宰相裴度撰文，著名书法家柳公绰书写，著名石刻匠人鲁建刻字。明代四川巡按华荣于碑上题跋曰："人因文而显，文因字而显，然则武侯之功德，裴、柳之文字，其相与垂宇不朽也。"这是赞美诸葛亮本身的功绩和裴度的文章与柳公绰的书法，并称为"三绝"，又有一说是将鲁建刻字之美亦称一绝，合称为"四绝"。因为文章书法再好，如刻技不精仍不能传下名家墨迹之美，所以刻工也是十分重要的一环。不论这座碑被称为三绝或四绝碑，它在历史和艺术上的价值都是无可非议的。

碑的造型

石碑从最初的一块石头到后来见到的各式各样的形式，必然有一个发展的过程。在宋朝朝廷颁布的《营造法式》的石作制度中有专门两节说的是碑碣制度，现在简单介绍如下：

赑屃（音毕细）鳌座碑：这是一种宋代常见的碑，它的特点是有碑首、碑身和鳌座（即碑座）几个部分，而且各部分都形成了特定的形式。法式上规定了“其首为赑屃盘龙，下施鳌坐（座），于土衬之外，自坐至首，共高一丈八尺”。这里说了碑头和碑座的形式：所谓“赑屃盘龙”，就是由六条盘龙所组成的碑首，六条盘龙的头部均在碑的侧面，龙头朝下，龙身向上拱起，碑首正面是由左右两条龙身和龙足交叉组成的图案，包围着中间的篆额天宫，这是用做书刻碑名的地方。碑首下部还有一层云盘与碑身相连。所谓“鳌坐”，古时将海中大龟称为鳌，所以“鳌坐”就是大乌龟作碑座。在这条规定里也注明了碑的总高度，至于碑的其他各部分的尺寸，法式规定“其名件广厚，皆以碑身每尺之长积而为法”，就是说石碑各部分大小都以碑身的尺寸为依据来进行推算。例如“鳌坐”“长倍碑身之广，其高四寸五分”，就是说鳌座之长等于碑身宽度的两倍，鳌座之高为碑身高度的百分之四十五，即若碑身高一尺，座高四寸五分。

笏头碣：这是一种没有赑屃盘龙碑首而仅有碑身、碑座的石碑，碑座的形式不是鳌座而只是简单的方座。全碑总高九尺六寸，碑的其他尺寸也是以碑身的高度为基础计算出来的。

任何一种建筑的形式总有一个发展与形成的过程，石碑当然也不例外。所以《营造法式》正是在归纳总结了前代各时期的石碑形式而提出一种相对规范的式样。但是这种式样在过去的社会条件下，不可能在全国各地都能得到统一的遵行，因此各地的石碑必然仍保持着本地区的一些特征，因而使石碑仍具有十分多样的形式。现在把常见的石碑按碑首、碑身、碑座几个部分分别介绍如下：

碑首：在众多的石碑碑首中，见得最多的正是《营造法式》所规定的“赑屃盘龙”形式，只是碑首上是否为六条盘龙则要看碑身的厚薄而定。陕西咸阳唐乾陵前的石碑碑身特厚，其碑首就由左右

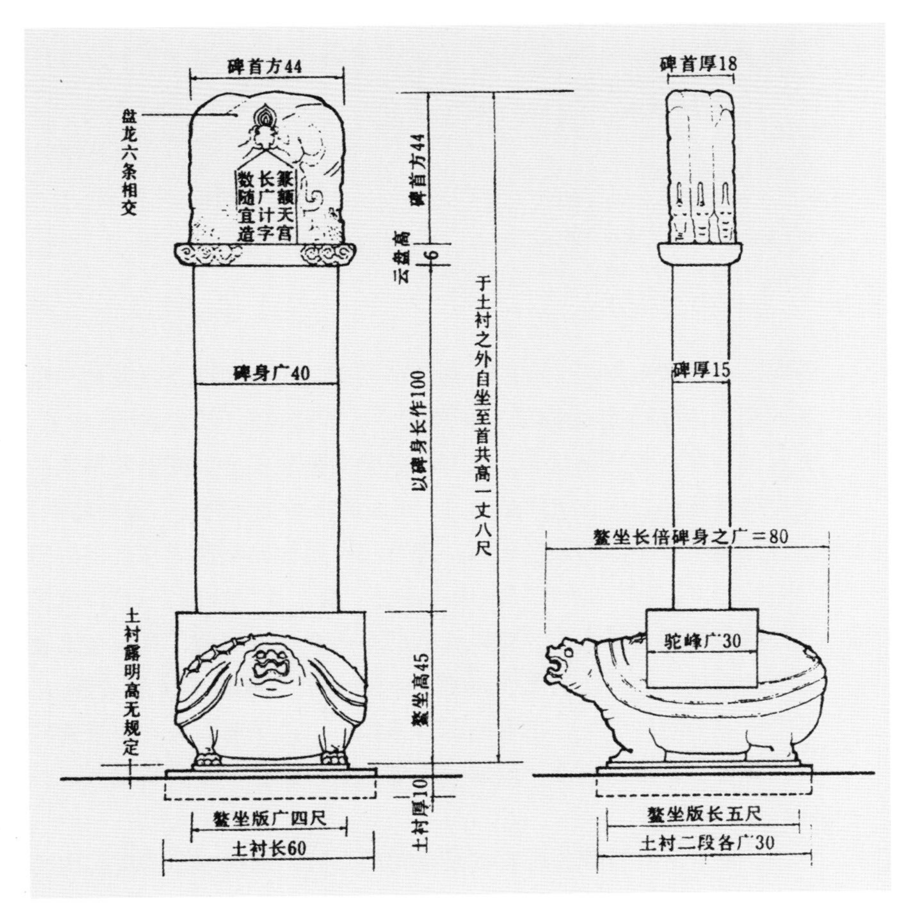

宋《营造法式》赑屃鳌座碑图（录自梁思成著：《营造法式注释》卷上，中国建筑工业出版社，1983年9月出版）

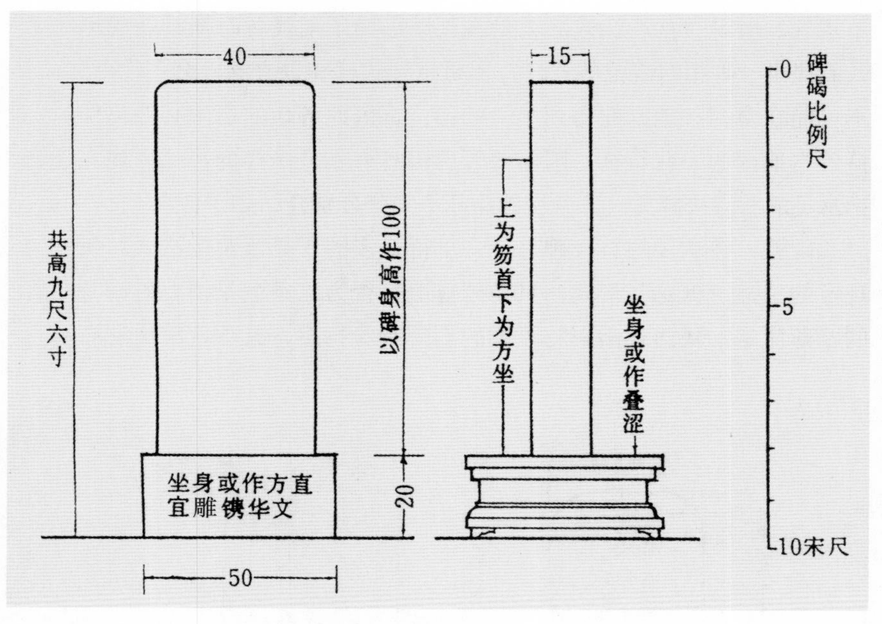

宋《营造法式》笏头碣图（录自梁思成著：《营造法式注释》卷上，中国建筑工业出版社，1983年9月出版）

各四条共八条龙组成，有的碑身较薄的碑首也有用四条盘龙的。盘龙的姿态也不一定都是龙头在侧面，辽宁北镇庙内的元代石碑上，看到碑首左右各三条盘龙，只有一条龙头是在侧面，其他两条龙的龙头跑到碑首的正面和背面去了。正面两个龙头分列左右呈对峙状，张着龙嘴咬着中间的篆额天宫。碑首正背两面的篆额天宫是供书写碑名的地方，《营造法式》说这一部分“长广计字数随宜造”，就是说根据字数定长宽大小。所以天宫的形式有长方形的，有长形上面呈尖角形的，长形上方呈圆角状的，也有的石碑取消了这一部分。天宫中除书写碑名外，也有的刻石造像。山西平顺大兴寺中见到的石碑碑首上，把天宫部分做成一小龛，龛内雕有一菩萨和左右二胁侍的像。

并不是所有石碑的碑首都是盘龙的形式。承德六和塔塔院内的石碑，碑首做成屋顶的形式，顶上是四面坡攒尖顶，由四条角兽组成四条屋脊，兽头在上，由四面顶着中央的宝顶。碑顶下省去木结

石碑碑首

构的檐下部分，用简单的圆方线角过渡到碑身，碑首四周有浅浮雕的装饰花纹，整座碑首造型完整，华丽而端庄。

碑身：碑身是刻写碑文的地方，所以它占了石碑的主要部分，前后左右四个面平整光洁，很少雕饰。有的石碑为了求得华丽的效果，在碑身的两个侧面，有时也在碑身正背两面的边上加雕饰，形成一种在文字外围有一周圈边饰的效果。

碑座：碑座中，以龟作座者多。龟，即乌龟，又称水龟，就其自然属性来讲，它寿命长，常栖水中，因为耐饥渴，又能离水而待在陆地上。龟的腹背皆有硬甲，必要时头尾四肢都能缩入甲壳内，只露硬甲在外以防外力的袭击。龟因为具有这种既坚硬又长寿的特征，所以自古就被当做一种灵兽，与龙、凤、麒麟齐名，称为四灵物，或与龙、凤、虎合称为四神兽。龟一成为灵兽，人们即赋予种种神话般的传说。商代就以龟甲作为占卜的工具，后来在龟背上刻记占卜的内容，即为甲骨文，成了中国很早的记事文字。海中的大

河北承德六和塔塔院石碑

山东曲阜孔庙石碑龟座

承德避暑山庄佛寺石碑碑身雕饰

北京颐和园“寻诗径”石碑方形石座

北京颐和园“寻诗径”石碑

龟称为鳌，传说共工氏怒触不周山，天柱折，地维绝，女娲氏断鳌足以立地之四极。鳌足既可以支撑住天地，足见其力量之大了，所以宋《营造法式》中将碑座称为“鳌坐”，以鳌撑天之力来背负区区石碑自然是很保险的。

龟之成为石碑碑座，其中还有一种传说。龟力气大，善于负重，但其性又好扬名。它常常驮着三山五岳，在江海中兴风作浪以显示自己。大禹治水时收服了龟并用其所长，让它用力推山挖洞。治水成功后，大禹搬了一块大石头让龟驮在背上，使龟无力随意行走以免它再去兴风作浪，但又在石头上刻着龟治水的功劳。这可说是大禹调动龟的积极性，抑制它消极性的一种成功做法，从此龟就成了碑的基座了。这自然是民间的神话，但也反映了人们对龟的一种认识。

还有一种传说是把龟当做龙的儿子，取名为“赑屃”或称“霸下”，是龙生的九子之一。赑屃性好负重，所以用来负石碑。其实龟与其他龙子不同，它本身就是一种海生动物，有明确的来源，和龙族实在关系不大，不知什么时候和什么原因把它拉到龙的家族中来了。

当然也有不用龟而用简单的石座当碑座的，讲究的将石座做成须弥座的形式，上面还有雕饰；简单的只是一块比碑身略大的方石，上面有时也有些雕饰。

碑的雕刻

石碑的碑首、碑身和碑座都有不少雕刻装饰，所以石碑也为后世留下了古代雕刻的宝贵材料。

就以碑首的盘龙来看，有四条、六条甚至八条龙作装饰的；有龙头在侧面、正面的；有龙头朝下、朝上的；有双龙各占一边，也有左右龙体相互盘曲交错的；形态各异，构思巧妙，反映了古代匠人高超的技艺。

在碑身边框的雕饰中，我们看到了古代石雕的各种雕法。宋《营造法式》中将石刻归纳为四种方法，即剔地起突、压地隐起、减地平钑和素平，通俗地讲就是高浮雕、中浮雕、浅浮雕和平面线刻。这四种手法在石碑上都可以看到，而且在历代的石刻中，我们还可以看到各个时期雕刻装饰所具有的不同风格。在西安碑林中，一些唐代石碑的碑边雕饰上，我们见到了卷草形纹饰。这是一种用植物枝叶组成的花纹，这类植物花纹早在距今五六千年前的新石器时代晚期的陶器上就见到了，后来经过长期发展，尤其是融合了随着佛教传入的西洋、波斯等地区的植物枝叶纹饰的风格，到唐朝形成一种比较成熟的植物纹样。因为花饰是以卷形的叶片所组成，所以被称为卷草纹，这就是我们在唐代石碑侧面上所见到的花纹。它们的特点是形象丰满，枝叶纹如行云流水，线条流畅而潇洒。唐代的卷草纹被认为是中国装饰花纹发展到顶峰的标志，也称为“唐草”。后来在一些清代石碑的边饰中已经见不到这种风格了，但是它们也表现出另一些特点。承德避暑山庄永祐寺石碑正面的边框，是用高浮

河北正定唐代石碑碑身雕饰

承德避暑山庄佛寺石碑草龙雕饰

唐代石碑卷草花雕饰纹样

早期卷草纹样

雕法雕成的装饰，内容是行进中的龙追戏着宝珠，一条接着一条。这种众龙戏珠的题材我们在沈阳故宫、北京紫禁城皇家建筑的装饰里都能找到，但不同的是，这座碑上的行龙已经不是宫殿建筑上彩画中那种标准式样的龙了。这里的龙除龙头外，龙身、龙尾、龙足都已变成卷草纹的形式，这里的火焰宝珠也变为盛开的花朵，这种

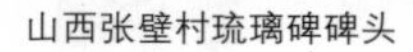
山西张壁村琉璃碑碑头

山西张壁村琉璃碑

龙称为草龙。传统的众龙戏珠和花卉卷草两种形式的装饰题材在这里被巧妙地合二为一，这真是工匠的一种具有浪漫情调的创造。

山西介休张壁村有一座空王殿，这是一座祭奉地方神仙的小庙，殿不大，但屋脊上全部用琉璃装饰。就在这座小殿的前廊两端各立着一座琉璃碑，自碑首至碑座全部由蓝、黄色琉璃制作，碑身上用黑釉书写着空王生平及成佛的事迹，这是两座记事碑。山西自古盛产琉璃，所以善用琉璃作装饰，用琉璃做碑在其他地方尚未见过。

今日石碑

石碑由于有记事和纪念等多种功能，所以至今仍有存在的价值。现在见得最多的是墓碑，这些墓碑几乎与古代墓碑形式没有什么两样。在一些农村的墓地，有的墓碑装饰雕刻之讲究，甚至远超过了古代。在城市里集中的陵园与公墓里，可以见到排列如林的石碑，它们和西方信奉天主教、基督教国家中的公墓中成片的十字架一样，构成为陵园、墓地所特有的一种景观，肃穆而宁静。

在一些地方，仍旧可以看到记事的石碑。近年来农村中修建祠堂的很多，在完工后，多按照传统的方式，把修建的经过、为修建出钱出力的人的名字都刻在碑石上，立在祠堂里。有的在新建的路桥、路亭旁也立着一块不大的石碑，碑上刻记着建造的经过。

还有一种就是纪念性的碑。各地的革命公墓、烈士陵园里有时可以见到这类碑，但由于碑身的高大，许多已经不是完全由石料建造了。在西安兴庆宫遗址公园内有一座新建的石碑，是为纪念日本派遣留学生阿倍仲麻吕来唐朝留学一千二百周年，于 1979 年修建的。这座石碑具有中国传统的形式，很好地表达了中日两国之间传统的友谊。

纪念碑中最重要的当然是天安门广场中央的人民英雄纪念碑。1949 年 9 月，中国人民政治协商会议在北京通过决议，为了纪念在反对内外敌人、争取民族独立和人民自由幸福的历次斗争中牺牲的人民英雄，决定在北京建立纪念碑以纪念他们不朽的功绩。1949 年 9 月 30 日，在中华人民共和国诞生的前夕，纪念碑在天安门广场中

山西黄村陈氏家族墓碑

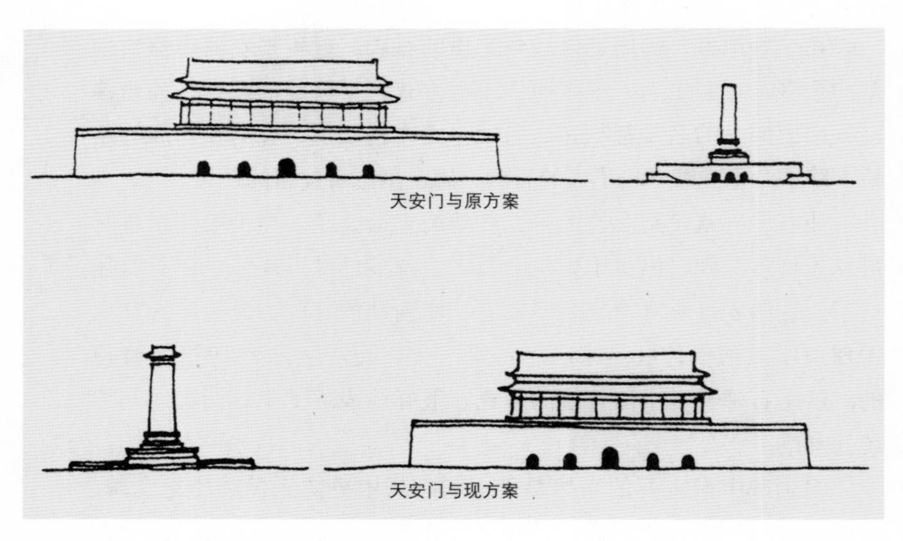

梁思成关于人民英雄纪念碑的意见

人民英雄纪念碑

央奠基，随即成立了建设纪念碑的专门委员会，并向全国征集纪念碑设计方案。1951 年 8 月，北京市都市计划委员会将挑选的三种设计方案送呈北京市政府审查。这时，担任纪念碑建设委员会和北京都市计划委员会副主任的我国著名建筑学家梁思成正生病住在医院中，他认为送呈的方案缺点甚多，于是在病床上写信给纪念碑建设委员会主任，时任北京市市长的彭真，力陈己见并提出了自己设计的初步方案。他在信中说："这次三份图样，除用几种不同的方法处理碑的上端外，最显著的部分就是将大平台加高，下面开三个门洞。"梁思成认为："无论在整体形体上、台的高度和开洞的做法上，与天安门及中华门的配合上，都有许多缺点。"因为"天安门是广场上最主要的建筑物，但是人民英雄纪念碑却是一座新的、同等重要的建筑，它们两个都是中华人民共和国重要的象征性建筑物。因此，两者绝不宜用任何类似的形体，又像是重点，而又没有相互衬托的作用。现在的碑台像是天安门的小模型……与天安门对比之下，上图的英雄碑显得十分渺小、纤弱"。同时"这个台的高度和体积使碑显得瘦小了。碑是主题，台是衬托，衬托部分过大，主题就吃亏了。而且因透视的关系，在高台二三十米以内，只见大台上突出一个纤瘦的碑的上段。所以在比例上，碑身之下，直接承托碑身的部分只能用一个高而不大的碑座，外围再加一个近于扁平的台子（为瞻仰敬礼而来的人们而设置的部分），使碑基向四周舒展出去。同广场上的石路面相衔接"。

梁思成还在病床上提出了自己设计的方案。北京市政府接受了梁思成的意见和他画出的方案，在纪念碑建设委员会进一步的设计下，完成了现在纪念碑的设计。纪念碑于 1952 年正式动工，1958 年完成。现在的纪念碑就是梁思成提出的那样，最下面有两层"近乎扁平的台子"，人们可以从四面沿台阶而上，来到纪念碑下。碑身的下面是两层须弥座，下层座的四面镶嵌着八块表现近百年来中国人民革命史实的石雕。上层须弥座四周雕刻着用牡丹、菊花、荷花等组成的花环，表达了对英雄们永久的纪念。石座上就是高大的碑身，碑身的中心部分为一块长十四点七米、宽二点九米、厚一米的巨石，正面朝北，上面镌刻着毛泽东的题字："人民英雄永垂不朽"；碑身朝南的背面有周恩来题写的碑文。碑上端是用四面坡的庑殿顶形式作结束。自地面至碑顶通高三十七点九一米。纪念碑全部用天然花岗石镶面和铺地，基座四周栏杆用汉白玉石料制作，碑身上题字皆用贴金，从整体形象到色彩都显得庄重而朴实。它坐落在天安门前的广场中心，正如梁思成所设想的“碑身平地突出，挺拔而不纤弱，可以更好地与庞大、龙盘虎踞、横列着的天安门互相辉映，衬托出对方和自身的伟大”。

古代小小的石碑，由一块块自然的石料，经过历代匠师不断的创造与实践，形成了中国石碑成熟的形态。但是在新的时代、新的功能要求下，石碑的形态必然需要有一个新的创造与突破。梁思成在提出新设计方案的信中最后说：“我以对国家和人民无限的忠心，对英雄们无限的崇敬，不能不汗流浃背，战战兢兢地要它千妥万贴才敢喘气放胆做去。”* 的确，在这个继承与创新的过程中，需要设计者的全部智慧与胆识。

---

* “致彭真市长信——关于人民英雄纪念碑设计问题”，《梁思成文集》（四），中国建筑工业出版社，1986 年出版。

人民英雄纪念碑夜景

第八讲　阙、墓表、五供座

阙、墓表、五供座都是古代陵墓建筑群体中的小品。

古代中国实行厚葬制，所以陵墓成为古代建筑中很重要的一种类型。在长期的奴隶社会和封建社会中，人们始终很重视墓葬，这是因为古人认为，天下万物都有灵，人死后只是人的身躯离开了现实世界，而人的灵魂却进入了“冥间”，永远不会消失。这个冥间有好有坏，好的是天堂，坏的则是充满了妖魔鬼怪的地狱。何去何从，决定于一个人在世时的行为表现与修行。

这自然是一种迷信，反映了人们对邪恶的憎恨和对美好生活的向往。而正是这种世界观使古人将墓葬看做是一种与结婚同等重要的终身大事，所以民间把结婚与丧葬当做是红白喜事而大事操办。历代封建帝王一登位，首先多大造生前的宫殿和死后的陵墓。史料记载，秦始皇动用了七十万民工修筑始皇陵。陕西临潼发掘出始皇陵前的兵马俑，其巨大的阵势，使人们有理由相信《史记》中描绘始皇陵内部豪华情景的真实性。这种厚葬制不仅引起了规模宏大的陵墓建造，而且由于在陵墓中不仅葬人，还有许多陪葬物。陵墓的墓穴里既留下了死者的身躯，也留下了大批当时的礼仪用品与生活用品：灿烂的铜器、绚丽的漆器与纺织品，精美的玉器和金银器，拙雅的陶器以及大量的龟甲与竹简。正是这一件件一批批珍贵的文物向今人展示了古人的生活场景，使人们目睹了古代的文明。所以在这个意义上也可以说，正是陵墓提供了五千年中华文明史的一系列物证。

对于建筑历史来说，陵墓不仅保存了各个时代的地下建筑，同时还保存了早期的地上建筑实物。汉墓的石阙、南朝墓的石兽以及唐代陵墓的石人石狮都是早期中国建筑很珍贵的实例。这些实物使我们认识到中国的陵墓建筑也与宫殿建筑一样，很早就形成了建筑群组的形式。这种群组的形式自秦、汉经唐、宋发展到明、清两代，已经达到很完备的程度。陵墓建筑除了有主要的殿堂、地下墓室以外，也包括有牌楼、碑碣、阙、墓表、五供座等许多小品建筑，以及排列在墓前神道上的一系列石人石兽。这些石人石兽，我们将它们归到雕刻艺术中去了，其中的石狮子因为和建筑关系特别密切，所以把它列入小品建筑，已在上面专门作了介绍，现在我们再选择陵墓中的阙、墓表与五供座等小品建筑进行分析。

阙

阙是什么？《说文》说：“阙，门观也。”《释名》说：“阙，阙也，在门两旁，中央阙然为道也；观，观也，于上观望也。”崔豹《古今注》说：“阙，观也，古者每门竖两观于前，所以标表宫门也，其上可居，登之可远观。”从以上的描述可以得知：阙是一种标志建筑群入口的建筑物，建造在门前的两侧，中间不相连，故称为阙，人登上阙顶可以远观。相传西周就有阙的出现，我们从麦积山石窟

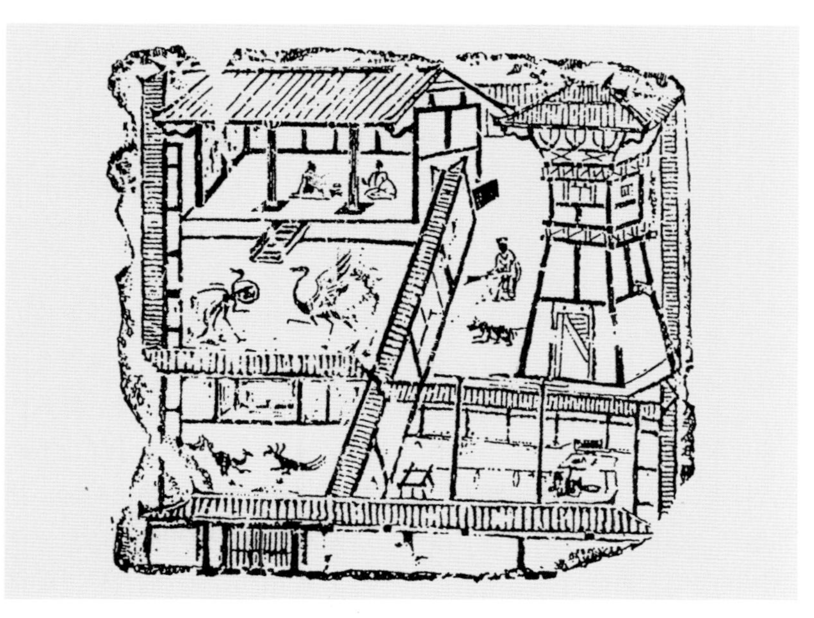

汉代画像砖上的望楼（录自《中国古代建筑史》，中国建筑工业出版社，1984年6月出版）

麦积山石窟壁画中的古阙

四川渠县冯焕阙图

西魏时期的壁画中可以见到阙的早期形式。壁画中显示的是：高高的城墙，城门外左右各有一独立的阙，称为城阙，它的形象似望楼，人登上可远望。那个时期还有宫门前的宫阙、寺庙门前的庙阙，可惜这类城阙、宫阙现在都看不到了，能见到的只是一批陵墓的墓阙和少量的庙阙。

现在留存下来的一批汉代和三国时期的墓阙在四川的最多，这里介绍两座保存得比较完整的墓阙。

四川渠县冯焕墓阙。冯焕，东汉安帝时人。阙约建于121年。原来在墓前应有双阙，现仅存东面的一座。阙高约四点四米，比例修长，全阙上下由五块石料构成，下面阙身为一整石，上下略有收分，阙身上隐出有柱、枋和地栿，在正面的柱间刻有“故尚书侍郎河南京令豫州幽州刺史冯使君神道”字。由此可知，此阙应位于整个墓道的前面。阙身以上的第二层石料上刻有坐斗和枋子三层；第三层石料比较薄，只在石表面上

四川雅安高颐阙图（录自《中国古代建筑史》，中国建筑工业出版社，1984年6月出版）

梁思成（阙上右）考察高颐阙（由清华大学建筑学院资料室提供）

刻有斜十字纹；再上一层石料又转厚，并且四面向外斜出，石上刻有斗栱；最上一层石料是阙顶，下有圆椽，上为四面坡屋顶，中央有正脊，四条戗脊的头上还略有起翘。

四川雅安高颐墓阙。据文字记载，高颐殁于汉建安十四年（209年）益州太守任内，所以他的墓、阙当建于这个时期。双阙相距十三点六米，现在只存西面的一座保存得相当完整，而东面的一座只剩下阙身。高颐阙由大小二阙组合在一起，称为子母阙，属于阙中比较讲究的一种类型。阙的最下面是一层不高的基座，座四周雕有蜀柱和坐斗，上面承托着母阙和子阙。母阙全身高约五点八米，由阙身、檐下和阙顶几部分构成。阙身由四块石料组成，上面刻出柱枋的形式，在顶部横枋上浮雕出车骑队伍，形象十分生动写实。檐下部分由四层石料组成，第一层雕出坐斗和枋子，正背面的中央还雕有饕餮纹样，四

河南嵩山少室阙图

个角上雕有力士像；第二层正背面各雕出三攒斗栱；第三层石料很薄，不施雕饰；第四层四面往外斜出，上面雕有人物群像，自然活泼。最上面是阙的顶部，下有枋子头和圆形椽各一层，挑出很深的屋檐，上面有瓦面两层，也做成四面坡的形式。值得注意的是屋顶的正脊两端反翘很高，形成一个很大的曲线形，在脊的中央还有鸟形的石雕。母阙旁边的子阙高约三点四米，结构和式样都与母阙相仿。高颐阙整体造型端庄，加上檐下部分的雕饰处理，显得十分秀丽，是现存汉阙中最优秀的例子。

我们从这两座汉代墓阙中能够看到些什么现象呢？

首先从阙的功能看，古代最早的阙，又称为观，从发掘的明器、画像石等文物上可以见到它们的形象。据文献记载，汉代宫门外的阙有高达二十余丈的。不论是土筑的高台，或者是台上再加筑建筑，或者是木构的高楼，它们高高地竖立在门前起到标志性和一点威慑的作用。有的可以供人上去观望，还起到护卫的作用。但是到了汉代，墓阙已经变为单纯的标志性建筑了，它是陵墓的大门，是墓道的起始点，不再有登上观望和护卫的功能了。

其次从阙的形式看，汉代墓阙为了保存长久，全部用石筑造，但是它们在一定的程度上保留了原来木结构或者土木相结合的结构形式。我们看到汉代画像砖上的木结构望楼，它们的形式与高颐阙的母阙相似，只是望楼下面高高的木构架变为高颐阙的石头阙身部分了。这种现象并不奇怪，我们在上面牌楼部分已经分析过，同样一种建筑，当石料代替了木材料时，开始仍免不了采用原来木结构

北京紫禁城午门

陕西唐代乾陵以双峰为阙

的形式，只有经过长期的实践以后，才会创造出完全符合新材料性能的新形式。阙当然也不例外，所以在冯焕阙和高颐阙上，我们看到它们仍保留了许多木结构的形式，例如在石料上雕刻出木柱、木枋、斗栱、椽子等等，同时也看到在有的地方把这些木构式样也简化了。石阙必然会逐渐抛弃木构的形象而创造出符合石料性能的新形式，我们在河南登封少室阙上已经看到了这种形式。

最后，这些石阙为我们留下了极宝贵的汉代建筑实例。从文献记载上可以知道，汉代的建筑规模已经很大，结构体系已经形成，已经很注意建筑造型的处理。但遗憾的是，目前已经找不到汉代的木构建筑实物了，即使砖石建筑，也十分有限。如今这批石阙不但给我们提供了近两千年以前的石建筑实例，也展现了当时木建筑的式样，使我们能够证实汉代已经有了由柱、枋、斗栱、屋顶等部分构成的较完整的木结构体系。中国木结构特殊的构件斗栱在汉代已经基本成形，屋顶、屋脊已经有了曲线起翘的艺术处理等等。

与上述两座石阙同时期的还有四川渠县的汉代沈府君阙、四川绵阳三国时期的平杨府君阙等，它们的形式也与冯焕阙和高颐阙基本相同。自汉代以来，墓前建阙已成为传统，我们在四川渠县还可以见到少量西晋时期留下的石阙，但是在以后的陵墓中，这种石造的墓阙却见不到了，代之而起的是利用陵墓前神道两翼的山冈、山阜作为天然之阙，陕西乾县的唐代乾陵就是最成功的例子。乾陵以梁山主峰为陵，主峰向南两侧各有一座小山阜，两座小山阜上都建有一座包砖土阙作为天然阙门。北京明十三陵的陵区处于龙山与卧虎山之间，两山夹峙，亦形成天然之阙。在后期陵墓的神道前端，却由石兽或墓表代替了原先石阙的位置。至于城阙、宫阙，除了在壁画中见到它们的形象外，始终没有发现实例。北京紫禁城的南面入口午门，由城门楼的两边向南伸出两翼，与前面的方楼相连，这种方楼也可以看做独立的阙，只是现在成了城楼的一部分，所以午门也称阙门，把它看做城阙、宫阙的一种发展，当然这种阙门已经不属小品建筑之列了。

墓　表

墓表外形也是一根石头柱子，但与华表柱相比，二者外形不同，功能也不一样。石柱子上刻文字，标明为某某人的墓神道，所以称为墓表，古时又称为标，它自然也成了一座墓的标志。

墓表出现得很早，在北京西郊东汉时期的秦君墓前就留下了石制的墓表。这种墓表与华表完全不是一种式样，表的下部是雕有两只虎的基础，柱身平面为四角呈弧形的正方形，柱身上刻着凹槽，柱的上端用二虎立着承托长方形的石板，板上刻着死者的官职和姓名。这种墓表在江苏南京附近的一批南朝时期的陵墓中也见到多座，其中以萧景墓的墓表形象最为典型，它继承了秦汉以来的墓表形制，但发展得更为完整。墓表的下方为方形的墓座，座上有圆形的鼓盘，鼓盘上雕着两只小兽，头对头、尾接尾地环抱着中央的柱身；表身平面为四角抹圆的方形，表身下段有凹槽，约占整个柱身的三分之二，其余三分之一的上段改为束竹形，这两段之间有一圈龙纹和绳纹相隔，在上段的一面雕出一块方板，板上书刻死者的官职和姓名；墓表的顶部有一直径大于表身的圆盘，盘上立着一只石雕的辟邪。整座墓表比例秀美，雕饰多而不繁，井然有序。现在我们来分段考察它的装饰和造型。

墓表基座上的两只小兽，首尾相交，围护着柱身，小兽之头部形象似螭。螭为一种神兽，常见于宫殿石台基上，将台上之水自兽头口中排出，故称螭首，被列为龙生九子之一。但是这里的小兽有头又有身，联想到东汉秦君墓墓表座上有二虎围柱，所以它们也可

北京西郊秦君墓表图（录自《中国古代建筑史》，中国建筑工业出版社，1984 年 6 月出版）

江苏南京南朝萧景墓墓表图（录自《中国古代建筑史》，中国建筑工业出版社，1984 年 6 月出版）

能是两只虎。虎，性凶猛，自古以来被列为神兽之一，它和龙、凤、龟被定为天地间四个方位的象征，可见它的重要地位了。所以虎的形象很早就被用在器具和礼器上作为装饰的内容。在秦汉以前出土的石器中就看到用虎形作柱础的：一只虎，伏在地面，弯曲着身子，头尾相围，护卫着柱子，虎头轮廓简练，虎尾表现出很强的力度。现在墓表上的两只白虎，与上面这只虎的造型的确是一脉相承，具有同样的风格。两只虎的头部只用了很简练的几道线角就表现出了猛虎的强劲性格。有意思的是两只虎的嘴里还各含着一颗玉珠，使人感到如同双龙戏珠和双狮耍绣球那样的一种意趣。

墓表的柱身，上段用的是束竹形式。竹子，是一种多年生植物，因为它易于生长，便于加工，古人用来刻字，即成竹简，是我国早期的书籍形式。竹子还被用来制造各种实用器具和乐器，建筑上用竹做屋顶的瓦，用竹编制墙体，用竹扎搭棚架，有时也用一束竹竿代替木柱，称为束竹。所以自古以来人们对竹子就很熟悉，这石柱上用束竹之形，乃是中国土生土长的形式自是不成问题的了。有趣的是墓表柱身下段用的是尖边向外的凹槽纹，这在我国其他地方是很少见的。古埃及神庙就发现有这种柱身带凹槽的立柱，到希腊时期更把这种式样作为五种柱式中的一种固定形式。被称为典范的希腊雅典卫城帕提农神庙用的就是这种带有二十道凹槽的多立克式立柱。难道这种石柱的式样不远万里传到中国？我们在山西大同的云冈石窟中见到不少中国过去不曾有过的外来建筑的形式，例如佛像下面的须弥式基座和植物卷草式的装饰等，这是自汉代佛教传入中国后，随着宗教而带来的建筑形式。其中我们也发现了有希腊爱奥尼柱式的旋涡柱头，但还不曾见到带凹槽的柱身，所以这种柱身的出现与外来建筑形式的渊源关系目前还不清楚。

古代立表柱是在地上竖立木柱，再用绳索将木板捆在柱子上方，板上书写姓名。现在墓表上方石板下有一圈绳纹作装饰，应该是古老形态的演化结果。

墓表的顶盘上立的小兽称为“辟邪”，取辟除邪恶之意，在江苏丹阳的南朝帝陵神道上多有辟邪的石雕。辟邪是通过工匠之手创造的一种神兽。工匠的创造自古以来多有所依据，其形其神总取之于现实世界中的某一种或者某几种野兽，不可能完全凭空想象。就以中国最高贵的神兽龙来说，尽管龙的起源诸家学者各有主张，但

萧景墓表基座

古代石虎柱础

陕西唐乾陵石望柱

有一点是公认的，就是龙并非生物世界中某种真实的兽类，而是世人创造的一种神兽。龙的形象也是各种兽类形象的综合，所以才有“龙有九似”之说，从龙头到龙尾龙爪都可以找出它的原生形态。辟邪自然也是这样，从其形象来看像狮子，而且狮子性猛，也适于放在墓道的前面起到护卫的作用，所以我们把辟邪当做狮子来看可能是比较合适的。墓表顶上的小辟邪，它的造型几乎和地上的大辟邪一样，仰着脑袋挺着胸，四腿粗壮，身上的轮廓刚劲有力，表现了这个时期石雕艺术简练、刚毅的特点。

这种在陵墓前面置放墓表的制度一直延续到后代。我们在陕西乾县的唐代乾陵的墓道前，在河南巩县多座宋代帝王陵墓的墓道前，以至在明清两代皇陵的神道前都见到有这种墓表，它们的位置也都在墓道的最前面，位于石人石兽行列之首。但是有意思的是，这些

河南巩县宋陵石望柱

河北易县清昌陵望柱

易县清泰陵望柱

墓表一下子都变得和原来那种形象不相同了，柱子上取消了书刻文字的石板，所以已经失去了原来标明墓主人的墓表作用而成为一种很简单的石柱子，后来把这种墓表简称为望柱。

唐乾陵和宋陵前的石望柱造型都很简单，在方形或者八角形的基座上立着八角形的柱身，柱身下大上小，有明显收分，柱顶上有一带尖的圆形或葫芦形石球作为结束。整座望柱，除柱身上下两头有仰伏莲瓣或在柱身上刻有很浅的装饰外，几乎没有其他的装饰，造型庄重有余而略显笨拙。望柱的体态比其他石象生都要高大，竖立在陵墓神道的最前面，起到一个神道入口的标志作用。

明代陵墓与前代的不同处是在神道的前端增建了石牌楼和碑亭，体形高大、多开间的石牌楼成了陵区的第一道入口，它代替了早期陵墓墓表在陵区入口的位置，所以作为墓表的石望柱在明代陵墓中已经退居次要的位置。它虽然仍处在诸象生的首位，体形也比它们高大，但柱身上不再刻有名字和标记，变成一种纯装饰性的标志了。南京明孝陵神道前的望柱平面呈六边形，柱身有收分，下有须弥座，上有两层顶盘，中间有束腰，石盘上有矮柱形石帽。望柱的周身满

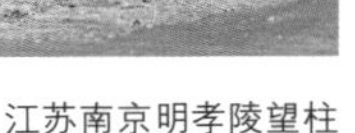

江苏南京明孝陵望柱　　易县清昌陵望柱局部

刻云纹，整座望柱比例端庄，比唐、宋时期的望柱要显得华丽。清代西陵的昌陵、泰陵前的望柱造型比较粗壮，柱身呈八角形，上下垂直没有收分；柱下有须弥座；柱头为两层圆形石盘，盘上有圆柱形石帽，大小与柱身一致；柱子周身有云纹装饰；顶端石帽刻有龙纹；望柱外围有的有白石栏杆，四角望柱头上各有一只石头狮子，面都朝向前方。这些望柱比例粗壮，显得特别稳重与厚实，在陵前面起到很好的标志和装饰作用。

明初分封诸王，封王或其继承者死后在各地也分建陵墓，这些陵墓的望柱往往带有地方风格，其造型和帝王陵前的不一样。河南新乡市郊有明潞简王墓，墓前神道的前端立有一座三开间的石牌坊，石坊两侧各有一望柱，此望柱造型特别，形式与石坊的立柱相同，柱身为方形，四面各雕有两条龙，龙头向上，头前各有一宝珠，柱顶上立有小兽，现小兽已毁；柱身雕刻用的是高浮雕，看上去效果显著，但略为粗糙。广西壮族自治区的桂林市郊有明庄简王墓，墓前神道前端也有一对望柱，柱身为八角形，上有巨龙一条盘绕柱身，龙头在上而朝向里，形成左右望柱二龙对峙的局面，龙头

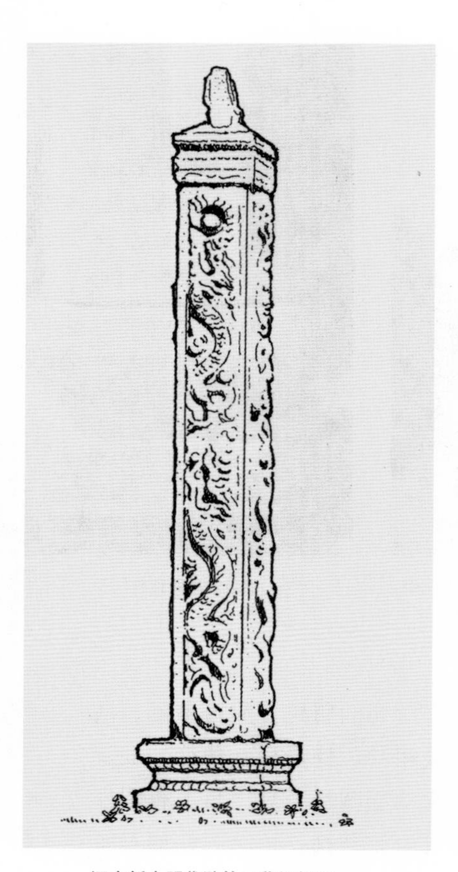

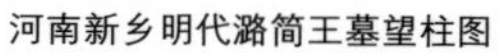
河南新乡明代潞简王墓望柱图

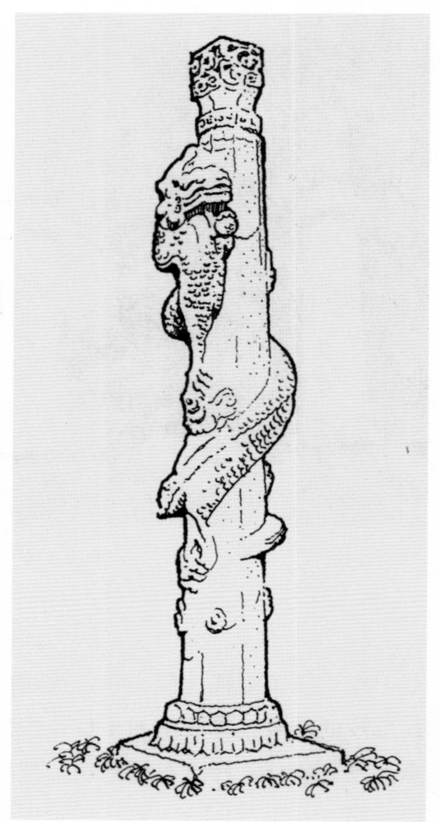
广西桂林明代庄简王墓望柱图

下的龙爪还抓一宝珠，表现了二龙戏珠的场面。柱上龙身粗壮，突出于柱身之外，大有巨龙抱细柱之感。这种柱形使我们想起福建、广东一带寺庙建筑中的石头柱子，柱身上往往喜欢用雕龙盘绕，龙身也是这样突出柱外，视觉形象十分强烈。这里的望柱反映了这种浓重的地方风格，但已经看不出它们和汉晋早期那种墓表形式有什么渊源关系了。

五供座

五供座是在明清两代陵墓建筑群中的一种小品建筑。

明代的陵墓建筑在前代陵墓的基础上发展得更加完备，它按照墓葬、祭祀和服务管理三种功能把建筑群布置成前、中、后三进院

北京明长陵五供座

落。北京明十三陵中的长陵建于明永乐七年（1409 年），在明陵中规模最大。长陵建筑群有三进院落，前院有神库和神厨；中院有祾恩殿，是举行祭祀活动的地方；后院是宝顶，下面就是帝王的地下墓室，在宝顶前建有“方城明楼”。方城明楼平面为正方形，且在楼上方形殿堂中央置放石碑一座，成了一座碑楼。长陵的这种形式为以

河北易县清西陵五供座

后明清两代陵墓所效仿，我们所讲的五供座位置就在方城明楼的前面，处于建筑群的中轴线上。

五供座是做什么用的？它又为什么要放在方城明楼的前面？五供座是为祭祀用的供桌。在一座石台上放着香炉一座、烛台两座和花瓶两只，共五件，所以称为五供座，又称为石五供。我们在寺庙

清西陵五供座近景

易县清慕陵五供座

易县清陵五供座上的石香炉

的大殿里，看到在佛像或菩萨前面都有供桌，桌上备有香炉、烛台和花瓶等，这是供佛徒和香客燃点香烛、进行佛事活动用的。在陵墓中，方城明楼在帝王墓室的最前面，它是墓室的标记，在它前面设供桌，放香炉、烛台就与在佛像前放供桌具有同样的意义，因此也称为祭台。

五供座及它上面的香炉、烛台、花瓶为什么都是石头的而不用佛寺中那种铜香炉和烛台？皇帝的陵墓其实就是皇帝死后的宫殿，它的布局和宫殿大体一致。宫殿的布局是前朝后寝，陵墓则是前祭祀后墓室。上朝时，宫殿的前朝大殿前排列着文武百官，陵墓前也排列着文臣武将，只不过他们在陵墓前变成了石头雕像。在中国古代奴隶制时期，奴隶主坟前也有成排的奴隶，那是将奴隶活埋下去的，称为殉葬。这种极野蛮残酷的制度到封建社会已经改了，不再用活人殉葬而改为陶人陶兽了，这就是我们在陕西秦始皇陵前见到的兵马俑。所以，发展到陵墓前用陶人陶兽还算是一个了不起的进步。历代帝王相信“事死如事生”，然而生有限而死无穷，所以皇帝将注意力转到经营自己的陵墓上了。这种风气到明清时更为突出，皇帝一登位，不论年龄大小，就开始规划设计和建造自己的陵墓。在陵墓中一切都要求是永恒的：文臣武将永远在墓前听候使唤，永远做帝王的仆臣，于是长长的神道上站列了石雕的人像，它们不怕风吹雨淋，坚固而耐久；于是连供桌和桌上的香炉、烛台和花瓶也统统做成石头的了。

五供座的基本形式是下面为石的基座，座上有石制的香炉一座。烛台两座和花瓶两个。它们成对称形布置，香炉居中，左右各有一只烛台和花瓶，是花瓶还是烛台放在最外面，没有一定的规矩，两种情况都有。

基座一般都用须弥座，在我们见到的明清皇陵五供座座下的须弥座都相当标准，具有完整的上下枋、枭混、束腰和圭角，各部分都有雕饰，使整个基座显得很华丽。

座台上居中的石香炉的形式与铜香炉一样，圆形，下有三足，左右有两耳，仍然保持着古代铜鼎的式样，就像许多铜香炉上有一顶帽子一样。多数石香炉上也有石头帽子，呈圆形，直扣在香炉口

河南新乡明潞简王墓五供座

上。帽子上雕满了龙纹和云水纹。花瓶的造型有的较矮胖，有的较瘦高，都有两耳。在明代，烛台式样较简单，到清代就日趋复杂，形象越来越模仿佛寺中的铜制烛台，形瘦高，上下分为几段，所以从这些石器造型的整个风格来看，明代的比较简洁，清代的比较写实，外形多模仿真正的瓷花瓶和铜烛台，并且身上雕满了花纹，形象比较华丽。这五供座上的每一件，可以说都是一件独立的石雕，所以五供座不仅有祭祀上的实用价值，而且还有石雕本身的艺术观赏价值。

在河南新乡市明代潞简王墓中所见到的五供座形式比较特别。首先，香炉、烛台和花瓶的体积都特大，石香炉上还架着一座重檐的方形亭子，就像宫殿、寺庙中见到上面有亭子的铜香炉一样。不过这里的石亭子两重屋顶，上层圆形，下层却为方形，更富有变化。花瓶为方形，上下分作几段，很像宫廷中所用的景泰蓝花瓶，在瓶口处有布满石雕花卉和枝叶的装饰。两边的烛台也呈瘦高形。这五件石器的下面都各有须弥座作基座，它们由于体形太大，所以都独立地安放在地上而不是共处于一座基台之上，但是在它们的后面还有一座须弥座，只是座上没有供器。这里的五供座和这座王墓一样，具有浓厚的地方风格。

第九讲　石　幢

石幢，又称经幢，为石料制作的柱状物，柱上刻有佛经经文和佛像，多放在佛寺大殿之前。

山西五台山佛寺殿堂中的经幢

石幢的由来

幢是什么？幢是由丝绸做成的伞盖状制品，顶上装着宝珠，挂在佛像前起礼仪作用，称为幢幡。唐高宗年间，《佛顶尊胜陀罗尼经》译出，据经文所述，如果把此经文写在幢上，则幢影映及人身，甚至幢上的灰尘落到人身上，都可以使人不为罪垢所污染。所以，我们在许多佛寺的大殿里常可以见到这种圆筒伞盖状、上面写有经文的丝帛制品高挂在梁下佛座之前，因此也称为经幢。

初唐以后，这种经幢发展成为室外的石制幢，于是，陀罗尼经文由书写而转为石刻。石上刻经在中国发展很早，它的好处是可以长久保存。据建于北齐时期的北响堂山石窟中石碑记载，当时窟中即刻有四部佛经。石刻佛经规模最大的是北京房山云居寺的石经，自隋大业十二年（616年）开始，至唐贞观年间的三十余年共刻百多石，后又经唐及金、元、明历代继刻，共刻佛经约一千种，三千多卷，一万五千余石。因此，石幢的出现是很自然的事，这种形式使经文得以长久保存，又借经幢之形影可以避除罪垢，所以初唐以后，石经幢之流行就不足为怪了。石幢与室内的幢幡，多为信徒捐赠给佛寺，都是佛徒们修福业、行善事以达到消灾祈福的一种方式，于是室内的丝帛经幢与室外的石经幢一同得到发展。

石幢的位置，最常见的是立在佛寺主要大殿前的庭院之中，如山西五台山佛光寺的佛殿与文殊殿前各有一座石幢。也有的在大殿前庭院两侧各立一座石幢，浙江杭州灵隐寺就是这种立东、西双石

山西五台山佛寺殿堂中的经幢局部

幢的形式。不仅立于佛寺，石幢也有立在墓前的，甚至有立在城市中街头的。例如上海松江县的唐幢原来位置是在县衙前的十字街口。据史料记载，北宋时有在城市中行刑处立石幢的做法，传说松江县县衙前十字街口原来也曾是行刑斩人的地方。不论是墓前立幢还是在行刑街口立幢，其意义都是为亡人祈福和解冤除罪。

石幢的形式

从总体上看，石幢可以分为三部分，即幢座、幢身和幢顶。现在让我们结合实例来观察它们各部分的形态。

山西五台山佛光寺的石幢有两座。其一是在佛殿前的中轴线上，幢上刻有“女弟子佛殿主宁公遇沙弥妙善妙目，大中十一年十月石幢立”。石幢当建于唐宣宗大中十一年（857年），距今已有一千多年的历史了。1937年抗日战争前夕，我国著名建筑学家梁思成、林徽因先生骑着毛驴进五台山寻找我国早期建筑。他们来到佛光寺，当体弱的林徽因搭梯子爬到这座石幢上见到佛主宁公遇于某年立此石幢的刻记时，真是欣喜若狂。因为宁公遇既称佛殿主，则立幢时此佛殿当已完成，所以可以初步断定佛殿建于唐大中年间。这是我国发现的第一座唐代木结构建筑，对于认识与研究中国建筑发展历史具有重要意义。梁思成认为，这座石幢提供了佛殿建筑年代最确实的证据，它的重要性胜过于它的艺术性。石幢不大，高三点二米，幢座由八角形基座与仰覆莲的狮子座相叠而成。座身细长，呈八面形，上刻陀罗尼经与立幢人姓名。幢身上有一层八角形的宝盖，宝盖之上有一段矮柱，四面刻有佛像。最上面的幢顶部分为莲瓣与宝珠，这是后代用砖补造的。整座石幢造型端庄而秀美。

另一座石幢位于佛光寺文殊殿的前方，根据幢上的刻记，幢建于唐乾符四年（877年）。幢高四点九米，下为须弥座幢座，座之上下为仰覆莲，八角索腰部分每一面都刻有在龛内的乐伎。幢身亦为八角形，分作上下两段，中间有宝盖相隔，下段刻陀罗尼经及立幢

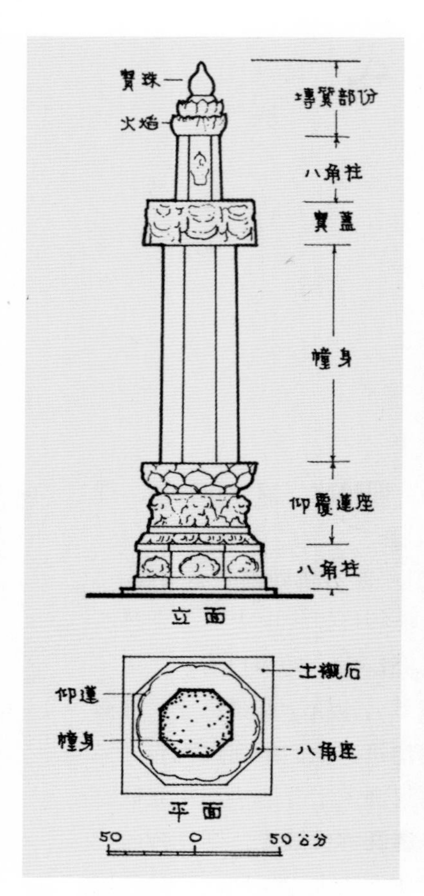

佛光寺佛殿前唐代石幢图（录自《梁思成文集》（二），中国建筑工业出版社，1984 年 8 月出版）

林徽因在佛光寺调查石幢（由清华大学建筑学院资料室提供）

人姓名。上面的幢顶部分有一层八角形的屋顶，屋顶虽没有雕出瓦垄，但八个角都有起翘，屋顶上有仰莲及宝珠作结束。整体造型很完整，与佛殿前石幢很相似，由此推想到前者的幢顶部分似也应有一层屋顶，可惜现已毁坏，不能见到它的原状了。

上海市松江县的松江唐幢建于唐大中十三年（859 年），位置在原华亭县县衙前的十字街心。幢座由三层须弥座重叠而成，在最上一层沿周边围着一层石栏杆，上面即八面形幢身，幢身上有两层伞盖状石盘，幢顶有屋顶及多层石盘石盖。整座石幢高九点三米。除

山西五台山佛光寺唐代石幢

幢身刻经文外，其他各层均有菩萨、天王、龙、狮子及云纹、水纹、莲花等雕饰，整体造型虽比例瘦高但尚属挺拔。

河北赵县陀罗尼经幢位于赵县开元寺内，现佛寺已毁，只剩下这一座石经幢了，建于北宋宝元元年（1038 年）。经幢高达十五米，是园内现存石幢中最高的一座。全幢上下也分三部分。下面的幢座由三层须弥座叠加而成，最下一层方形，上两层为八角形，在三层的束腰部分都分别雕有菩萨、金刚、力士、乐伎等形象。幢座之上有一层雕有龙与宫殿的宝山托着上面的八角形幢身。幢身上下共分六层，下三层比较高，均刻陀罗尼经文，上三层比较矮，分别为刻有佛龛、蟠龙的短柱和素面矮柱。在各层之间，也分别有宝盖加仰莲、八角城阙、带斗栱的屋顶以及石雕八角盘相隔。从下往上，幢身及各层之间装饰物的尺寸都一层比一层缩小，高度也逐层降低。经幢顶部由仰莲、覆盆与宝珠部分组成，但可惜已不是宋代的原物了。从经幢整体造型看，下面的基座宽阔而厚实，托着上面高达六层的幢身。幢身上下有明显的收分，使高耸的经幢显得端庄而稳重，只是幢顶部分结束得略

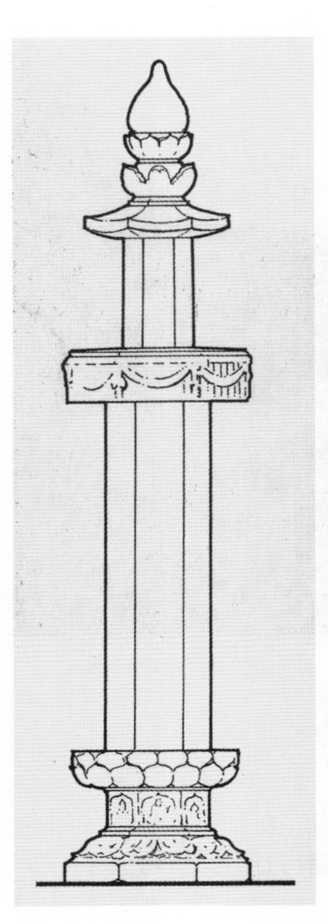

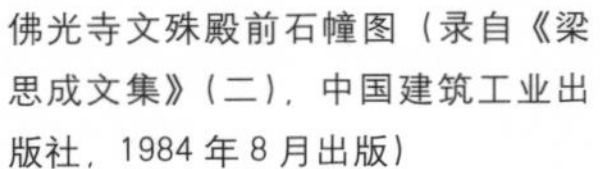

佛光寺文殊殿前石幢图（录自《梁思成文集》（二），中国建筑工业出版社，1984 年 8 月出版）

上海松江唐代石幢局部

显唐突，不知原状是何样了。从经幢的装饰效果看，基座高约三点五米，最接近人的视线，所以在三层须弥座上作了重点的雕刻装饰。第一层为金刚、力士，第二层为菩萨、乐伎，第三层雕成每面三开间有屋顶的回廊，每一间内都有佛本生故事的浮雕。遗憾的是，由于石质的年久风化，如今这些石雕多数已经破损了。倒是幢身上的几层宝盖保存得还比较完好，其上的璎珞和垂带，以及宝盖上的角狮、仰莲，仍显示出当年石雕的精美，反映了宋代石雕艺术的风格及水平。

上海松江唐代石幢

河北赵县陀罗尼经幢图（录自《中国古代建筑史》，中国建筑工业出版社，1984 年 6 月出版）

陀罗尼经幢幢身宝盖

陀罗尼经幢一层幢身

昆明大理国经幢位于云南昆明地藏寺内，现寺已毁，只留下了这一座石经幢。据幢上所刻的文字记载，这座石幢是在大理国时期(937—1253年）一位官员为歌颂大理国鄯阐侯（即今昆明的地方首领）高明生的功德而建立的。上面已经说过，佛寺里的石幢和街心刑场的石幢都是佛徒们为自己或者为亡灵修业祈福而修建的，如今又多了一种为他人歌功颂德而建的石幢。这座远在西南边陲地区的石幢在总体造型上仍和内地的经幢一样，上下分幢座、幢身和幢顶三个部分，但不同的是在幢的各个部分几乎都满布雕饰。幢的基座可以看做还是须弥座的形式，上下为两层枋，枋表

陀罗尼经幢上段

陀罗尼经幢基座

面为花草纹浮雕，而上枋表面刻着汉文的“波罗蜜多心经”和造幢记。中间束腰部分呈圆鼓状，上面满雕着盘卷的龙纹。幢座以上的幢身共分七层，第一层最高，八角形，在四个角上各立着一座天王雕像，他们的脚下都踩踏着一个地神，其余幢身露出部分满雕着梵文经文。以上各层高度逐层减少，幢身上不刻经文而雕刻着小佛像，有的四角仍有突出的立体雕像。各层之间都有华盖相隔，在这些华盖的表面也满布着佛及其他装饰的浮雕。幢顶为仰莲承托着宝珠，全幢高约八点三米。自基座到幢顶全部为砂石所造，但保存得还相当完好，尤其是各层突出于幢身的立体雕像，无论是站立的天王、

云南昆明大理国经幢

大理国经幢二、三层幢身

大理国经幢基座

蹲坐的金刚、力士，还是踩在脚下的地神，脸部表情仍旧那么生动，他们身上的衣着褶纹依然那么清晰。尽管在石幢的总体造型上缺乏节奏感，但它极具地方特征，以它所具有的历史价值和艺术价值而成为云南地区的一件文物珍品。

我们对各地石幢可以作一些归纳与分析：

石制经幢自初唐出现以后，数量逐渐增多，经五代至北宋，可以说发展至高峰，到了元、明、清时期，这种石幢几乎见不到了。从石幢早期至后期的发展趋势来看，其总体造型有一个由简洁到复杂的过程，北宋时期的赵县经幢比佛光寺两座唐代经幢在体量和造型上都要

大理国经幢一层幢身

河北涿县石幢

高大和复杂华丽得多。同一时期的石幢，也会因为所在地区的不同而在造型上有所差异。佛光寺佛殿前的石幢和松江的石幢同建于唐大中年间，二者在建造时期上只相差两年，可以说基本上属同一时期，但在造型上，松江石幢要比佛光寺石幢显得复杂而华丽。同样建于 11 世纪的赵县石幢与大理国经幢，二者在造型上也有明显的差别，大理国经幢在雕刻的分布、大小等方面都具有很强的地方风格。

但是经幢毕竟是一种具有特定功能的纪念物，它最主要的功能是要在幢上刻佛经，也有如河北涿县石幢身上加刻小佛像的，但幢身总是经幢的主要部分，而且始终都是八角形。各个时期、各个地区的经幢都是这样，只是由于在幢座和幢顶上采用不同的形式，或者由于幢身高度的差异而在幢身上用不同数目的宝盖进行分隔处理，从而使同一功能的石经幢仍能呈现出多种不同的形态，成为佛寺中很重要的一种小品建筑。

第十讲　堆　石

堆石，常见于园林和住宅的庭院里。在世界园林史中，中国园林最大的特点就是自然山水型的园林，无论是利用自然，还是完全由人工创造的园林，追求的都是一种具有自然山水、植物的环境，因此在园林中形成了用土、石堆山，用片石造景的传统。我们在这里要介绍的不是那种土石堆积的大山，而是那些用单独石料组成的石景，它们或用少量石头拼接，或用独立石头形成堆石小品。

堆石的产生与内涵

堆石小品虽少，但它的出现与发展却离不开古代园林的堆石造山。帝王的苑囿是中国古代最早出现的园林。所谓苑囿，是选择一个自然区域，在里面放养飞禽走兽，专供帝王、贵族作狩猎之乐，有一点人工猎场的性质。在这种苑囿中，除自然树木外，也有用人工堆成的高台，供游乐时登高远眺。后来在苑囿中也模仿自然，用土石堆山，创造一种自然山林的环境，并且逐渐形成为一种造园手法，称为叠山。这种叠山风气，到秦汉时已很普遍。

园林既然模仿自然，所以在帝王的苑囿中，叠山多追求高大。《史记》记载，汉武帝在长安城建章宫中筑有一个大的水池，取名为“太液池”，池中堆了蓬莱、方丈和瀛洲三座神山，规模是相当大了。宋徽宗在汴梁宫城外专门造了一座皇家园林，即著名的艮岳。园中用土石堆山，主山高达九十步，周回十余里，规模之大可与真山比美。连南宋的一个官僚在自己家园里堆的山都“一山连亘二十亩”，其间布置了四十余亭。亭子再小，四十多座排列开来，距离也拉得够远的。所以尽管文字描绘会有夸大，但当时园中堆山追求高而大却是明显的。北京西北郊的圆明园是平地造园，以人工挖地而出湖面水道，用挖地之土堆积成大小土山冈阜。但在乾隆皇帝眼里，圆明园是有水无山，所以又在圆明园之西，选择了瓮山及山前的西湖建造了清漪园，并且还将西湖大大扩展，以挖湖之土加大了瓮山，取名为万寿山。帝王园林之所以喜好高山大山，除了追求自然山水环境以外，还反映了封建帝王一统天下至高无上的雄心。宋徽宗要求在艮岳内仿天下名山，现蜀道之难，乾隆帝将瓮山取名为“万寿山”，以示为太后祝寿，这些不都是“普天之下，莫非王土”思想的反映吗？

公元220年，东汉灭亡，中国进入魏晋南北朝时期，政权分立，连年战争，社会处于动荡不安之中。士大夫阶层惊叹环境之险恶、世事之多变，对政治悲观失望，逐渐信奉老庄思想，喜好玄理与清谈。他们纷纷隐逸江湖，寄情于山水环境，通过对自然的观察、描绘，进一步发掘了山水植物之美，一时间描绘自然之美的山水诗、山水画盛行。除了陶醉于自然山水之间外，这批士大夫文人也在自宅里营造起具有自然之美的小环境，于是一批私家园林应运而生。这类私家园林自然没有皇家园林大，也不可能据名山大川而经营，它们只能在有限的空间里营造自己的天地，只能借小山小水再现自然山水之情趣，因此人工堆山与选石逐渐作为一种专门的技术与艺术而得到发展。据《洛阳伽蓝记》记载，北魏时期洛阳城中某坊内有大官僚张伦的一座宅园，园内“造景阳山，有若自然。其中重岩复岭，嵚崟相属；深蹊洞壑，逦递连接”。城中宅园不会太大，园中人工小型堆山居然能表现出深蹊洞壑、重岩复岭之山貌，可见当时堆山技艺之发达。同时，不但用土、石堆山，而且还发展出以数石甚至独石成景的技艺。唐代诗人白居易从好的石头中，可以观察到三山五岳、百洞千壑。他曾有诗称赞一块好的太湖石，“远望老嵯峨，近观怪嵚崟。才高八九尺，势若千万寻”（《太湖石》）。宋代大诗人苏轼以诗词书画著名于世，亦十分爱好奇石。浙江杭州法惠院僧人法言，在自己的院内开了一方水池，池中用石堆了小山，还把白粉撒在堆石的峰峦上以象征飞雪落山峰。苏轼见了甚为赞赏，并取名为雪斋、雪山和雪峰。苏轼自己家中也藏有奇石。宋代大书画家米芾，性格狂放，他擅画山水，画风潇洒不凡，也是嗜石如命。传说他见一奇特之巨石，竟面石而拜，所以后人有“元章（米芾号）拜石”之美谈。白居易、苏轼、米芾这些文人“嗜石”自然不是偶然的，早在两千多年前的孔老夫子就说过这样的话，“知者乐水，仁者乐山，知者动，仁者静”，意思是说智者乐于治世如流水而不尽，仁者乐于万物滋生如山之安固而不动。这是把山石流水和人的品德联系起来了。在诗词书画中，往往以石比山，以石代山，所以在后来的诗画中，石与松、竹、梅这岁寒三友并列，成为文学家、艺术家常用的创作题材。所谓水令人性淡，石令人近古，竹直而心虚，松劲而刚健，梅凌寒而放，成了士大夫追求的一种道德标准。从陶渊明的“采菊东篱下，悠然见南山”，白居易在自家小宅园里用卵石、水流筑成石滩小涧，饮酒赋诗，自我陶醉，到士大夫独坐厅前，观山石以冶情操，他们所追求的意境可以说都是一脉相承的。所以说，古代园林主人所欣赏的堆石，看上去只是这些石头的形式之美，但实际上是借物抒情，寄情思于景，有着深刻的历史内涵，积淀了封建时代道德的、伦理的，乃至哲学的理念。

堆石的形态

园林中的堆石，既要以小喻大现出自然之美，又要见石生情，表达主人的情意，因此就有了堆石形态的选择和塑造问题。

首先，堆石要以小喻大，以局部而见整体，这就要求堆石具有典型性再现真山真石之形态与神态。

明人计成，既是一位画家，又是一位造园的实践家，所著《园冶》一书是他在实践的基础上对中国古代造园理论的总结，实为我国古代造园史上最重要的著作之一。在这部《园冶》中，计成特别写了掇石与选石两个部分，专门论述了各种石料的特点和用途，其中说到适于作单独观赏的石料就有多种。如太湖石，“其质文理纵横，笼络起隐，于石面遍多坳坎”。昆山石，此类石“其质磊块，巉

太湖石石景图

北京颐和园仁寿门石景

颐和园乐寿堂石景

江苏苏州园林石景

岩透空”。灵壁石生在土中，形成各种形状，有的“成峰峦，巉岩透空，其眼少有宛转之势”。再如宣石，“其色洁白，……惟斯石应旧，逾旧逾白，俨如雪山也”。英石有数种，“一微青色，间有通白脉笼络；一微灰黑，一浅绿，各有峰、峦，嵌空穿眼，宛转相通，其质稍润，扣之微有声”。从计成的论述中可以看出，他选择可以成景的

江苏扬州个园春石景

扬州个园夏石景

扬州个园秋石景

石样，其状多为纹理纵横、巉岩透空、笼络起隐的；其色或灰黑，或浅绿，或雪白。就是说这类石头形状都要纹理纵横交错，粗糙不平，奇特透空的，颜色也多有特色，因为正是这样的石头才典型地再现了大自然中山脉的天然形态。米芾把好石的条件总结为“瘦、皱、漏、透”四个字，即是说石形要瘦高孤峙，石面要多纹理，要有玲珑凹进的石眼和透空的石孔，“瘦、皱、漏、透”成了选择石料的标准了。自然界的山石千姿百态，但最引人入胜者莫过于奇峰之突起，山石表理之起伏多姿，山洞石穴之深奥莫测。人在山中游，最忘怀不了的莫过于此种奇景。把这些特点集中浓缩于方寸之地，岂不就成了“瘦、皱、漏、透”？这真是米芾精辟之归纳总结。

因此，凡具有此类特点的石头就成了古代造园者的宝贝。宋徽宗营建艮岳，派官员去苏州专门设置了一个应奉局，搜括南方名石，凡民间有好石，则破墙拆屋送往东京汴梁，运石之船排列成行，成了有名的“花石纲”，引起了极大的民怨。当年花石纲散落在各地的石头，到后来也成了宝贝，凡能寻得花石纲石一块，置于园中即能使满园增辉，提高身价。这类专供观赏的堆石，宋代绘画中就有描绘，在明清时代江南一些私家园林中更为多见，在北京紫禁城的御花园、颐和园里也有许多这样的点石景观。

其次，堆石不但要再现自然山石之美，还要让人望而生情，在形态上更需要精心选择。江苏扬州市有一座以堆石著名的私家园林，园中的竹林里立着条条瘦长的石笋，象征着雨后春笋的春；水塘边堆着一组由玲珑湖山组成的石山，象征着湿润而多姿的夏；在楼阁前有一组由褐红色的黄石堆砌的石山，象征着凝重的秋；在背阴的厅堂前还有一组由白色块石组成的堆石，象征着白雪皑皑的冬。象征四季的石景构成了园中的主要景观。

艮岳中专门有一处太湖石特置区，上百块太湖石都由宋徽宗亲自赐名，其中有朝日升龙、望日坐龙、万寿老松、金鳌玉龟、老人长寿、叠玉、丛秀、伏犀、怒猊等等。古代选石讲究石料的原生形态，不作人工雕镌，艮岳中堆石的选择，当年真费了功夫，所以才有花石纲的民怨，可惜现在这些堆石都见不到了。

堆石的布置

堆石要成为可供观赏的景观，如何布置很重要也很有讲究。堆石的布置包括几个方面的内容，一是堆石本身的摆设法，二是堆石与植物花卉的组合，三是这些堆石所放的位置。

上面已经讲了堆石所用石料讲究瘦，瘦石之立要劈立当空，孤峙无依，不论立在地面或座上，都要以小头在下，大头在上。《园冶》中讲到“峰”和“岩”的堆砌方法时都强调了这一点，“峰石一块者……理应上大下小，立之可观，或峰石两块三块拼掇，亦宜上

河北承德避暑山庄石景

河北承德棒槌峰

大下小，似有飞舞势”。“如理悬岩，起脚宜小，渐理渐大……”人们观察自然山势，山脚在下，山巅在上，上小下大，所谓“稳如泰山”，这也是人们常见的、习惯了的稳重的形状。但久而久之，这种形象不能引起人们的兴趣了。河北承德市武烈河东岸的磬锤峰上有

松石图

竹石图

一高三十多米的天然巨石，形如洗衣服用的棒槌，因此俗称为“棒槌峰”。奇特的是此石上大下小，如棒之倒立，这一不寻常的形象引起人们极大的注意，成了承德市著名景点之一。这种出奇制胜的现象在艺术欣赏中经常起着重要的作用。意大利的比萨斜塔为何出名，就在于它不同寻常的斜。塔都应该是垂直于地面的，唯此塔独斜，而且斜而不倒，反常规而行之，所以游人纷至沓来，欣赏这一奇观，这就是堆石所以讲究上大下小的美学原因。

有的堆石并非独立的一块孤石而是由数块石头或拼掇或排列而成景。这里列为建筑小品的堆石自然都不是崇山峻岭，而只是三两块石料组成的小景，但它们的拼掇排列亦颇有讲究。从石料的选配来说，种类不可杂，湖石以玲珑透漏为上品，黄石则纹理古拙，形态端庄，此二类石不可拼掇在一起。对同类石料的拼掇也要注意纹理之粗细横直和疏密隐显，务求两石纹理相通而不显杂乱。对于数石之排列应有主有从，最忌“排如炉烛花瓶，列似刀山剑树”，像供桌上的香炉、烛台，战场上所用的刀、剑那样整齐呆板地排成一排则是最大的失败。

江苏苏州园林竹石景

孤石或堆石往往还和植物花卉相配成景。在传统中国画上常见到挺立的古松、几枝兰草、一束花卉、数竿翠竹与片石组成的画幅，它们的特点是构图简洁，寓意颇深。在这里，石喻山，松木苍劲而刚健，兰草清幽宜人，竹直有节而心虚，它们所组成的画面自然都表达了文人的志趣与人生追求。古代的山水诗画与山水园林描绘的是自然山林之趣，都是借景抒情，借物喻志，因此它们的艺术构思与构景也是相通的，文人画的这种场景自然也被运

河北承德避暑山庄庭园石景

苏州园林石景

留园揖峰轩石景

用到园林中来。计成在《园冶》中就对太湖石的运用总结道："此石以高大为贵，惟宜植立轩堂前，或点乔松奇卉下，装治假山，罗列园林广榭中，颇多伟观也。"我们常常在园林的庭前、廊里、墙角都看到此类小景，松柏树下立孤石，堆石之旁栽翠竹，石根上种兰草，在这里，石与植物相得益彰，组成一处又一处既得形式之美，又蕴含人文意识的景观。

苏州留园冠云峰石

堆石应放在什么地方，也是颇有讲究的。中国园林之景，讲求可观可游可居，方称为上品。早期园林堆山，追求庞然大物，人可进山中游，

苏州园林石景图

可住在山上山下的建筑之中。到后期造园，虽不能模仿昔日苑囿堆出高山峻岭，但也讲究筑出山之一角一隅，使观赏者可近游近观而得真山真水之趣。但是此类堆石小品却不能游其中，更谈不上居其间了，它们的作用是在园中造成一处可观赏的绝妙景点。《园冶》掇山部分的“峭壁山”一节中讲道：“峭壁山者，靠壁理也，借以粉壁为纸，以石为绘也，理者相石皴纹，仿古人笔意，植黄山松柏、古梅、美竹，收之圆窗，宛然镜游也。”这是讲墙前堆石的布置，好比是以白墙为纸，拿山石来作画，根据石头的皱纹，仿照古人的画意，在墙前植几株多姿多态的黄山松柏，种几枝梅花、翠竹，与堆石组织在一起，通过圆窗望去，宛然一幅绝妙图画。这种图画般的堆石小景无论是放在墙下或堂前或庭院中间，都要考虑到能充分发挥它们的观赏价值，要在它们的周围设置出可以观赏它们的地点。江苏苏州留园的冠云峰石是一块堆置得很精致的山石，它立于留园主要厅堂“五峰仙馆”的前院，四周都可以观赏到屹立于庭院中的这座山石，构成仙馆前的主要景观。留园的东部有一“揖峰轩”，轩前庭中布置有几处堆石。此庭设有周围廊，游人出入廊中可以从几个不同角度观赏这些石景。设计得好的园林，在游览全园的过程中，会处处发现这类别致的堆石。它们的形象丰富多彩，有傲然孤立者，有纹理多皱、玲珑剔透者，它们或在圆洞门前，或在曲廊转折处，或在庭院墙底，成为古代园林中不可缺少的点景小品。

紫禁城御花园的堆石

北京紫禁城的御花园是明清两代皇帝在皇宫中建造的专门园林，它占地不太大，和紫禁城西面的三海和西北郊的圆明园、颐和园无法相比。正因为如此，所以才在这不大的地方精心布置。除了建造各式厅堂楼阁、亭榭台馆以外，还搜集了各地的名贵花木移栽园内，同时还集中了各地贡献来的珍奇异石陈列园中专供观赏。这种现象在别处的园林还不多见，所以在这里专门予以介绍。

这些石景和南方园林所见不同的是，它们多为独立的一件件石

北京紫禁城御花园〝诸葛亮拜北斗陨石〞

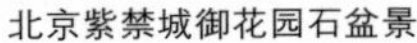

北京紫禁城御花园石盆景

北京紫禁城御花园“木化石”

雕艺术品，很像放在室内几案上的盆景，只不过体态大，只能放在室外供欣赏。御花园的石景从内容到形式都比别处的要丰富多彩，它们有的是以形奇而取胜，有的是以质精而称贵。有一块“诸葛亮拜北斗陨石”，是外形普通而石面上有天然彩色纹理的大理石，彩色纹理组成了一位躬身下拜的老人形象。他双手拱起，长袖下垂，似乎是在拜揖天上的星斗，见此形象，使人联想到三国时诸葛亮拜北斗星的情景。这里还有一件修长的立石，其质其色如远古的木化石。还有形如海中珊瑚的块石以及各种形状和各种色彩的片石，它们好像是一件件珍贵的艺术品，陈列在御花园里供人观赏。

但是在御花园的这些石景中，我们也看到了它们存在的缺点。其一是石景太多太繁，就其中每一件石景来说都不失为天下珍品，它们形象多奇特怪诞，堆石基座也是布满了雕饰，有的座上还加了金属的小栏杆，有的把基座做成盆形、瓶形，上面也同样堆满雕刻。把这些争艳斗奇的石景集锦式地排列在一起，仅在天一门前两侧墙根下就一连放了十多座，看了真使人眼花缭乱，不觉美在何处了。

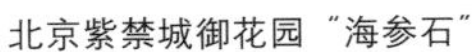

北京紫禁城御花园“海参石”

北京紫禁城御花园石盆景基座

其二，在这些盆景中，可以明显看出，它所追求的只在其形之奇特怪异，其价值之珍贵，并不讲究它们的造型美。有一座放在天一门前显要位置上的石景，名为“海参石”，是由一大堆海参状的小石头聚合而成的。其实人们认为海参是一种珍贵的佳肴，其形其色并不诱人，它并不具有形象上的观赏价值，将它们堆砌在一起，如何能引起视觉的美感呢？很显然，这里只是因为它的价值高，作为珍品陈列在重要位置。这种在艺术上的烦琐追求，在清代，尤其到清末，可以说已经成为一种通病了。

今日堆石

古代的皇家园林和一些著名的私家园林如今都已经成为对民众开放的公园了，每天都有成千上万的游人涌进这些园林去观赏风景，去欣赏祖先创造出来的民族文化。屹立在这些园林中的无数堆石依然保持着昔日的风貌，人们依旧能从它们的形态中得到美的享受，只是这些堆石所象征的那些文人士大夫的情感却没有那么强烈

北京香山“璎珞岩”刻石

北京香山“静翠湖”刻石

北京景山公园新石景

和明显了，甚至有些原本就比较隐晦的含意也消失了。有意思的是这样的堆石仍不断地出现在今日的新老园林中。北京西北郊清代营建的著名三山五园之一香山静宜园，如今山景如旧，风貌犹在，只是原来的香山四十景大多数已被破坏。近年来陆续恢复了若干景点，复建了亭榭楼阁，堆砌了石山石景，而在这些景点上几乎都立了一块石头牌名，选择一块形态美观的原生石料，在上面书刻景点名称，静翠湖、翠微亭、清音亭畔的璎珞岩等等。石头大小不同，形状各异，但它们都和四周的山林环境十分融洽。

在北京新建的园林陶然亭中，特别模仿建造了一批由国内各地著名的亭子组成的“百亭园”。设计人用树木花卉将风格不同的亭子分隔组合而不显唐突，更用不同形态的石料书刻亭名立于亭畔，使这一座新建的“百亭园”更具有传统文化的风韵。

近些年来，为了提高全民族的文化素质，各地大学都很注重校园环境的文化建设。清华大学原来就是清朝雍正时期清华园与近春园的旧址，园内水塘连片，树木成荫。为了保护古色古香、具有古代园林传统的环境，这几年增添了不少以堆石为标志的景点。这里有立在古老清华园前的建校七十周年的纪念石“清芬挺秀、华夏增辉”，有纪念抗日战争、解放战争牺牲的校友的纪念碑石“祖国儿

清华大学建校七十周年纪念石

清华大学抗日战争英烈纪念碑石

清华大学校友赠母校石景

清华大学“憩园”刻石背面

清华大学“憩园”刻石正面

清华大学博士后赠送石景

清华大学广西校友赠送石景

清华大学新松石景

女、清华英烈”，有庆贺母校九十周年华诞，西安校友赠献的用蓝田玉石制成的雕石“玉不琢不成器”，广西校友会赠献的形成于十一亿年前的海底火山岩石“桂韵”奇石，有1934年校友在毕业六十周年送给母校的纪念石“人文日新”，还有一些是名人纪念亭、文物建筑遗址、新桥、新园的题名石：纪念朱自清的“自清亭”、“莲桥”、“憩园”等等，共计十多座。在中国人民大学的校门里，人们第一眼望见的就是刻着校训“实事求是”的一块巨石横卧在绿草坪中。之后，在不少教

浙江杭州万松书院新石景

清华大学草坪点石

北京植物园窗前石景

北京植物园窗前石景

学楼前、校园路边都能看见一处处堆石，这些不同造型与色彩的石景已经成为校园中富有特色的景观了。在许多校园中的这些堆石既有形式之美，又有不同的人文内涵，不论是对革命英烈的崇敬与怀念，对教育事业的敬意与期望，还是对学校优良传统校训、学风的赞扬，它们完全不同于古代那些封建文人士大夫的情怀。它们表达的是新时代的精神，是一代又一代新知识分子的情操。这些堆石以它们的形态美和所表达的人文精神美化着校园，在教育人才的过程中起着有形与无形的作用。

除了这些堆石外，更多的是散布在各地公园校园绿草坪中的点石。点石之由来仍源于自然，山区众山山脚之下往往多有块石冒出地面，星星点点地分布在地面，它们是山体之余脉，是山体之延续。古人模仿此景也在厅前院中散布块石，高低大小不一，以表现自然山景环境。如今在整齐的草坪上，将地面略作高低起伏，其间布以星点块石，栽种几株松柏，绿色的草茵，衬托着松枝白石，组成了新的松石园，打破了西式草坪、花卉布置过于整齐的单调与呆板。

无论是由堆石组成景观，还是草坪上散布点石，这样的布置与应用不光见于学校校园和新老公园之中，我们在机关、医院、住宅区的庭园里，甚至在宾馆、饭店的公共厅堂中都能见到。这种现象自然不是偶然的，这是因为：堆石本身具有一种原生的、抽象的形式美，正因为它是抽象的，所以能够给人们寄托遐思的广阔空间。这种遐思因人而不同，因时代而不同，因而具有超历史的长期性。同时，堆石上又能书刻文字以表达多种含意，这种含意有明显的，也有隐晦的，因而也具有比较广泛的功能。正因为这样，这种产生于古代的堆石艺术才能保持长久的价值，至今仍能够得到广泛的应用。

后　记

十多年前，中国建筑工业出版社组织编写一套“中国古建筑知识丛书”，共计十多册。除了古代城市、宫殿、宗教建筑、陵墓、园林等常见的题目外，还增加了建筑彩画、装修、家具、工匠、建筑小品等一些不常见的专题。尤其是建筑小品，过去在古建筑研究中几乎还没有被作为专项进行研究过，也没有见过这方面的专著。当时我对这个专题产生了兴趣，大胆地应承了编著的任务，于是开始收集资料，进行综合研究，于1993年写完并出版了《中国古建筑小品》。如今，十年过去，在这期间，我集中时间进行了乡土建筑的调查研究，每年下乡多次收集资料，在全国各地的农村中也经常见到不少牌楼、狮子、影壁、石碑等等这类建筑小品，使我对它们有了更进一步的认识。2001年，我应生活·读书·新知三联书店之邀写了《中国古建筑二十讲》，特别将牌楼、华表、影壁等建筑小品集为一讲。去年，中国人民大学徐悲鸿艺术学院的景观环境专业要我讲有关中国古建筑方面的课程，我根据他们专业的特点，专门讲了古建筑小品，讲这些小品的产生，它们的形态，它们所具有的人文内涵等等。听课的学生，不但对这些内容感兴趣，而且认为对于今日新的景观环境设计创作也有启迪和借鉴作用。今天，我看到从北京到各地，一座座新的牌楼又被竖起，曲阳和惠安的石狮子更多地行销全国，古园林的堆石更广泛地被应用，于是，我想，把这些古代建筑小品加以整理，补充新的材料，增添新的认识，重新编著出版也许是有意义的。有关牌楼、狮子、影壁等部分的内容与《中国古建筑二十讲》的相关章节有些重复，但在文字与照片上都有新的内容和补充。